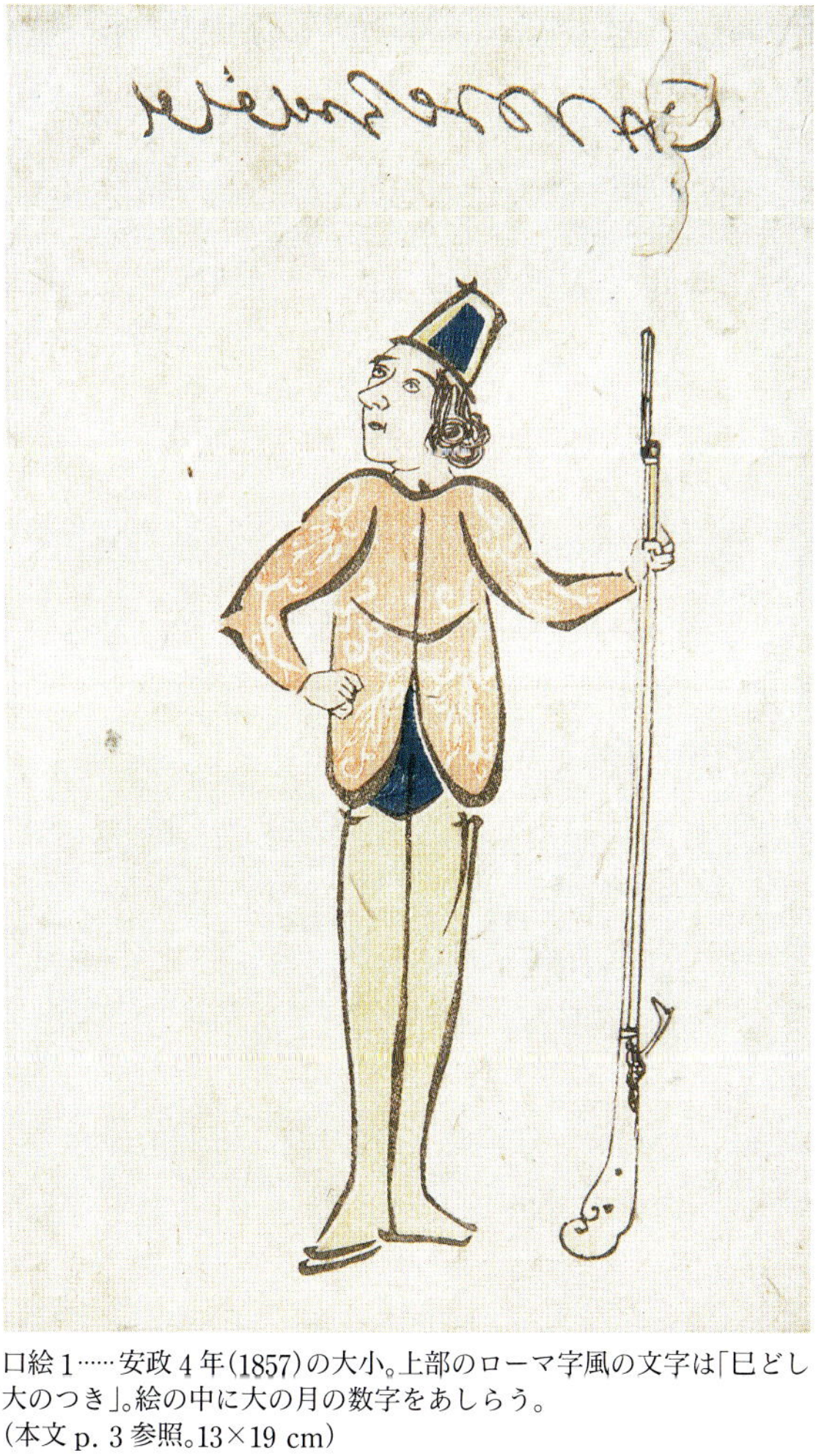

口絵１……安政４年(1857)の大小。上部のローマ字風の文字は「巳どし大のつき」。絵の中に大の月の数字をあしらう。
(本文 p. 3 参照。13×19 cm)

口絵 2…… 嘉永 7 年(1854)寅年の大小。虎の縞模様に大の月・小の月や一年の日数を配する。
(本文 p. 20 参照。17×11 cm)

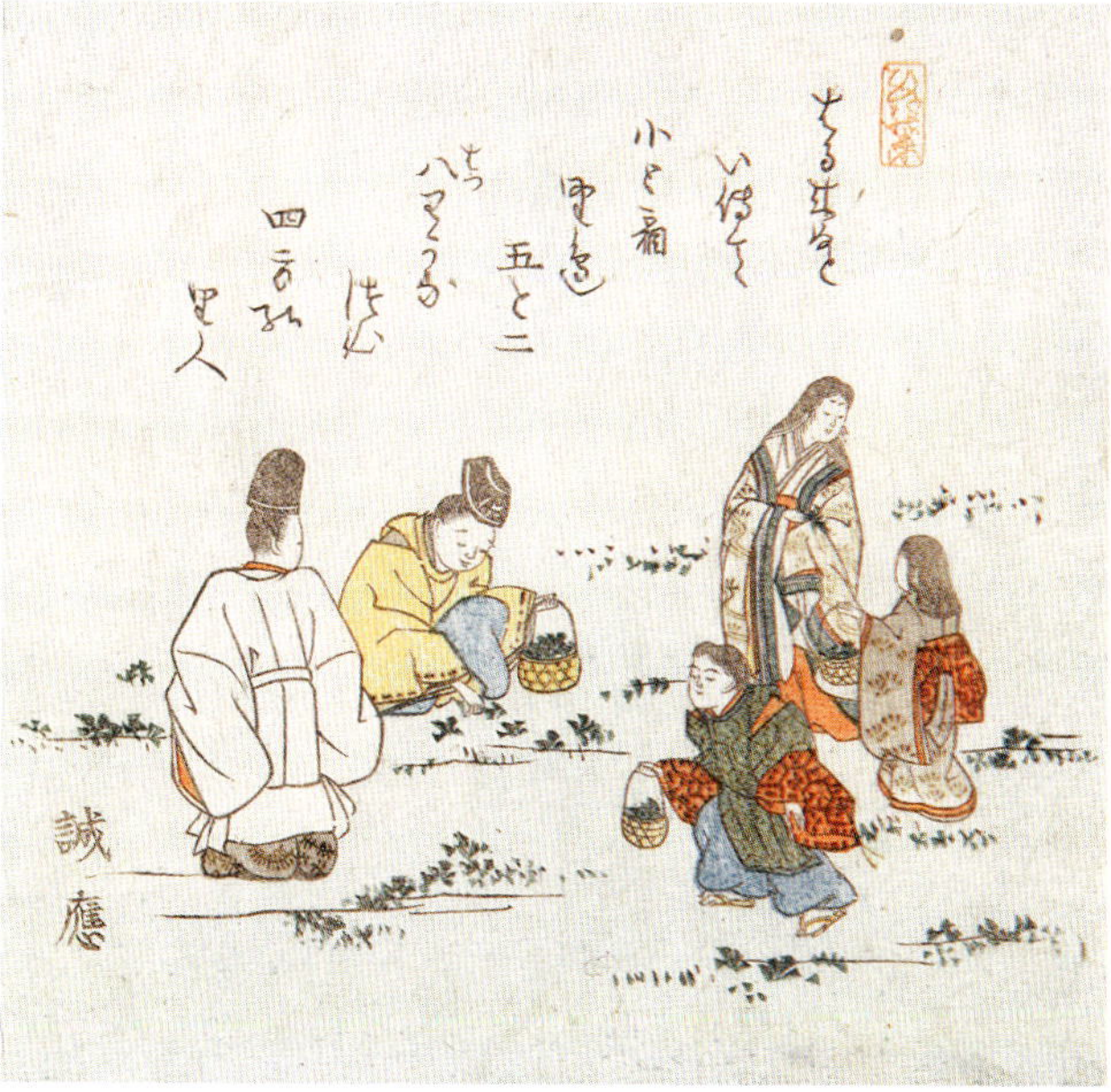

口絵 3……弘化 4 年（1847）の大小。和歌に小の月を詠み込む。「霜」は霜月で 11 月。（本文 p. 24 参照。13. 5×13 cm）

口絵 4……慶応 3 年(1867)の大小。中央は大小を兼ねたデザイン文字。45°左に傾けると小の月となる。(本文 p. 24 参照。12. 5×12 cm)

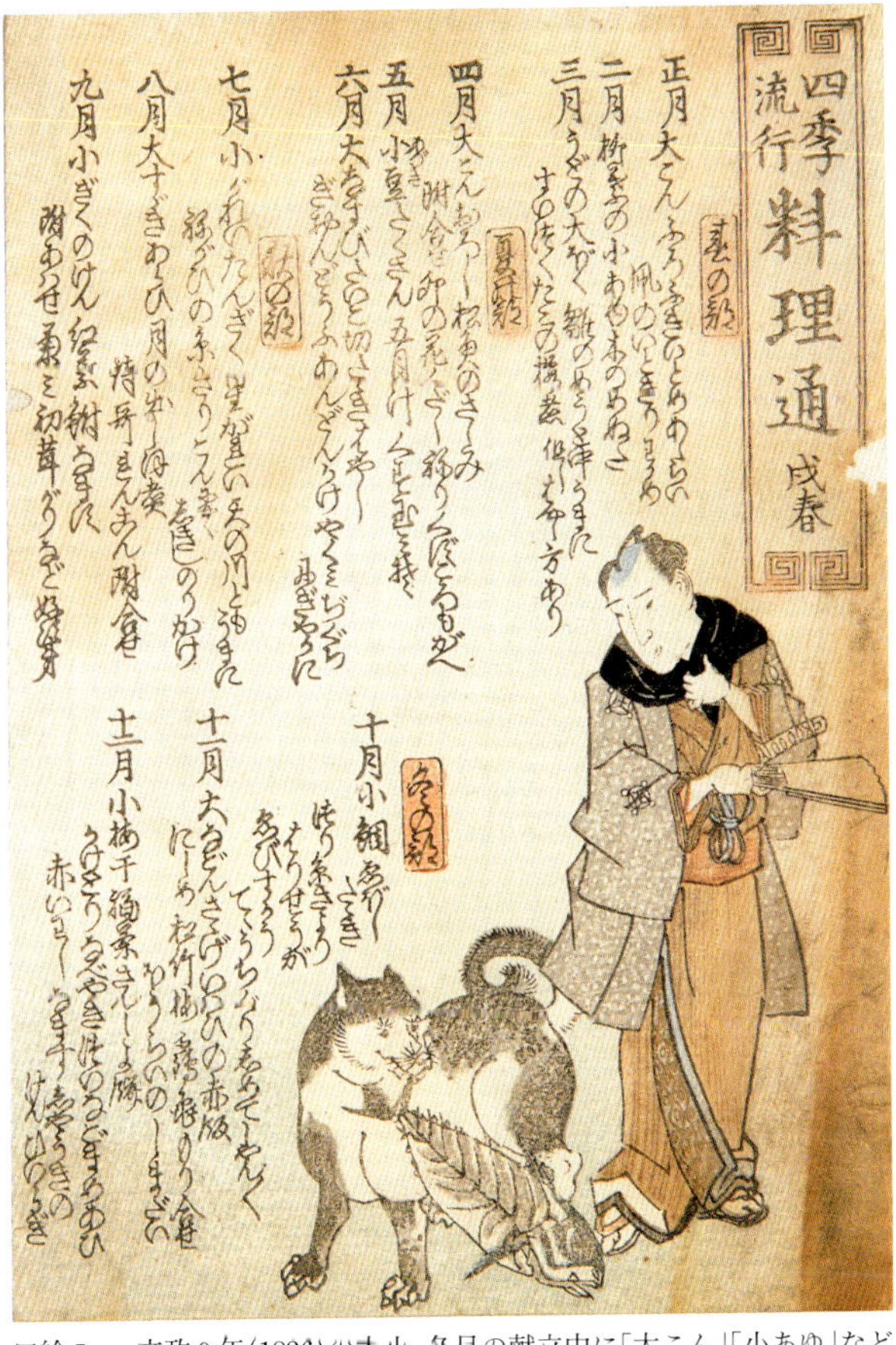

口絵5…… 文政9年(1826)の大小。各月の献立中に「大こん」「小あゆ」などと大小をあしらう。(本文 p. 28 参照。12. 5×18 cm)

口絵 6……嘉永 3 年(1850)の大小。和歌に大の月を詠み込む。「正」は 1 月、「極」は 12 月。(本文 p. 32 参照。13. 5×11 cm)

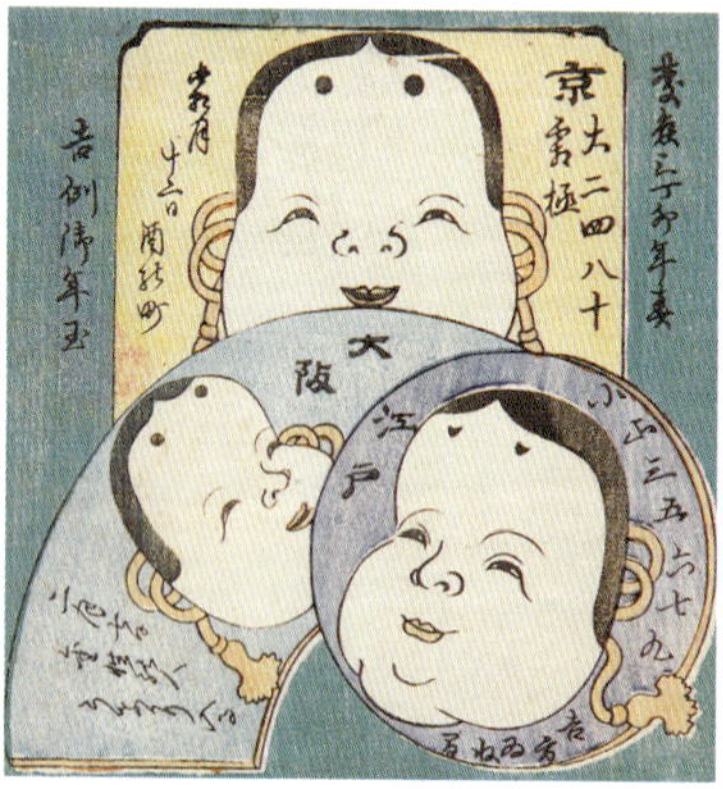

口絵 7…… 慶応 3 年(1867)の大小。京に大の月、江戸に小の月を示す。
(本文 p. 46 参照。12. 5×12. 5 cm)

口絵 8……文久 3 年(1863)の大小。12 個の朱印中に月・大小・十二支を盛り込む。(本文 p. 58 参照。6×18 cm)

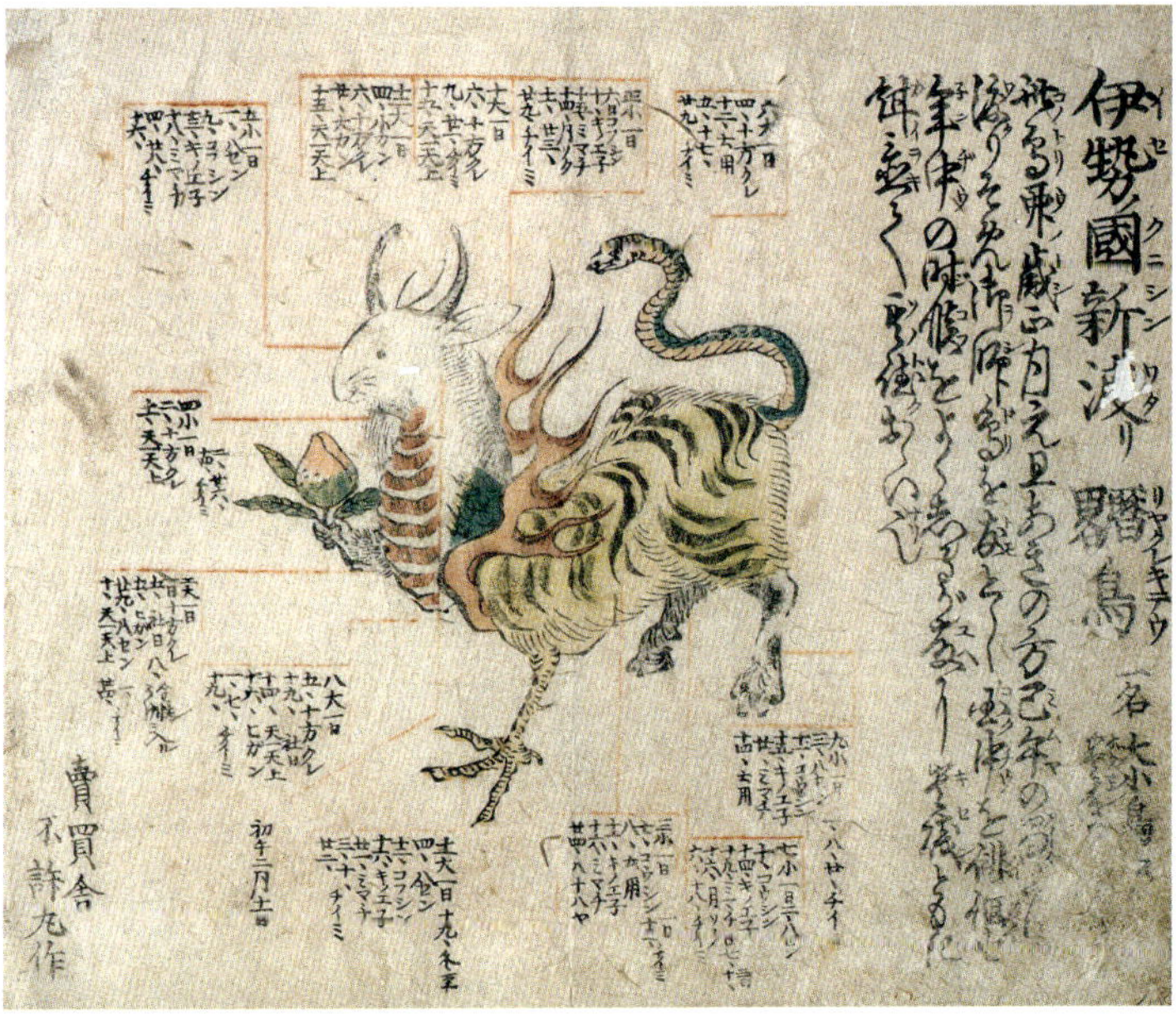

口絵 9…… 天保 2 年(1831)の暦註も入った大小。一名大小鳥という怪鳥は、十二支を巧みに合成して描かれている。(本文 p. 94 参照。19. 5×15. 5 cm)

口絵 10…… さて何年の大小でしょうか。男に大の月、女に小の月があしらわれています。(本文 p. 101 参照。12×18 cm)

[あじあブックス]
025

大小暦を読み解く

――江戸の機知とユーモア

矢野憲一

大修館書店

まえがき

この一冊で暦《こよみ》の全てがわかるという「暦の知識」の本は近年たくさん出版されました。私のこの本はそんな本格的な「暦の本」ではありません。アウトサイダーで、実生活には役に立たない暦の本であります。しかし「こんな暦もあったのか」という驚きをもって、おそらくはじめてこの本で日本人の知恵の一つを知っていただき、楽しんでくださる方もあろうかと存じます。

「大小暦」という、こんな過去の遺産を今さら紹介しても、パソコンなどで忙しい現代人に何の役に立つのかと思案もしましたが、私はこの変った暦に出会ってから約三十年間、ずっとこの面白さと興味深さを忘れずに、小さな楽しみではありましたが、常に心に留め虜《とりこ》にされてきました。その楽しみをおすそわけしたいと存じます。

伊勢神宮の博物館である神宮徴古館《ちょうこかん》で、約百年前に蒐集され、ひっそりと保存されてきたコレクションのほとんどを、いま神恩をいただいて読み解いて紹介できる幸せをとてもうれしく思います。

私は神道を中心とした日本文化を調べてきましたが、近世の文字は判読しにくいですし、大小を理解するには、発句、狂歌、戯文、浮世絵、風俗、伝説、民俗学という広い知識が必要です。とてもまだ私の手におえるものではありませんが、私がこれまでモットーとしてきた「あまり人がやっていないものの研究」の一つとして〈あじあブックス〉の一冊に加えていただけたことをうれしく思います。

いつものことながら、私の本は著者自らが楽しみつつ執筆しますゆえ、なるべく原文は尊重しましたが、読み易いように異体字は通行字体にし、濁点なども付け、ルビも適宜付しました。誤解や誤読もあろうかと存じますが、どうか御寛恕ください。

写真のほとんどは神宮徴古館蔵で、それを補うイラスト資料は私の模写です。全部で二百図あります。では大小を一枚ずつごゆっくり、と申し上げたいのですが、お忙しい貴方にすべてお付き合いいただくのは大変でしょうから、まずはお気に召すものからお楽しみいただきましょう。

目次

第一章
こんな暦がありました

西向くサムライ

むつかしいことは後にしましょう。図１・２のような「こよみ」があったのです。

江戸時代の明和二年（一七六五）と三年の暦です。

図１の狼のような犬には数字があります。よく見てください。耳が二、前足が十二と七、首に十、ちょっとわかりにくいですが、尾が四でしょうか。

明和三年（一七六六）は、大の月が一、三、五、六、八、九、十一月。小の月が二、四、七、十、十二月ですから、図１は小の月を示しています。もちろん戌《いぬ》年です。

図２のお嬢さんは、頭に大の字の簪《かんざし》。したがって大の月が記されているのです。

着物の柄が数字になっています。二、三、五、六、八、十があり、トリとあります。明和二年乙酉《きのととり》です。なぜこれが暦でしょう。どうしてこんな暦があったのでしょうか？

まあそう急がずにゆっくりと、江戸時代の人になったつもりで、あなたも私も楽しみながら話をすすめましょう。

私が「大小暦《だいしょうごよみ》」を知ったのは昭和四十七年（一九七二）のこと。次の年が、俗に旧暦といわれる太陰太陽暦を今のグレゴリオ太陽暦に改めた改暦百年にあたり、さらに伊勢の神宮暦が発刊九十周年になるので、私が学芸員をしている伊勢神宮の博物館、神宮徴古館《ちょうこかん》で「こよみ特別展」を開催しました。そのとき指導をお願いしたのが岡田芳朗先生で、もう二十七年も前になります。

図１　（模写）

図２　（模写）

「こんな面白い絵の暦のようなものが貼ってある帳面があるのですが、先生これなんでしょうか」と見ていただいたのが始まりで、本書のカラー口絵Ｉがその思い出の一枚です。まさかこんな暦が存在するとは思いもしませんでしたから私は驚きました。

ペリー艦隊が開国を迫り、ロシアのプチャーチンが長崎に来航した安政四年（一八五七）。西洋の兵隊を大の月の数字で構成し、上に外国語らしく横書きするのは「巳《み》どし大のつき」。胸に大、帽子が五、肩に六、腕に二と八、長い足が九と十一と十二の数字。おわかりでしょうか。まあじっくり眺めてください。これは上手にできています。

大小暦は正確には「大小」といいます。

『広辞苑』で「だいしょう」を引くと、①大きいことと小さいこと、②打刀と脇差の小刀、③大鼓《おおつづみ》と小鼓、④大の月と小の月、⑤陰暦を用いた頃、大小の月を色々の趣好《ママ》を用いて簡単に示した印刷物、などとあります。この⑤のことで

図3　（筆者作）

す。本来は大小といって大小暦とはいわないのですが、刀剣のことと混同するので明治時代からあえて大小暦と言い始めたらしい。

　現代の一ヶ月は大の月は三十一日、小は三十日ですが、旧暦の一ヶ月は大が三十日、小が二十九日でした。そして各月の大小の配列は年毎に変り、およそ三年目に閏《うるう》月があり、その閏月の位置も大小も不定でした。

　現代の小の月は、二、四、六、九、十一月で、誰もが「西向くサムライ」と覚えています。なぜサムライか。それは十一月を武士の「士」としたところがアイデアでした。これは明治五年（一八七二）の改暦の際に考案されたものではなく、江戸時代にすでにいわれたことでした。

　江戸時代はおよそ二百七十年、その間に現代と同じ大小の月の配列はたったの三回しかなかったのです。慶安四年（一六五一）、寛政十三年（一八〇一）、天保八年（一八三七）です。それほど配列は異なり、平年で百三十通り、閏年では三百通り以上にもなりました。

　大小暦が作られるようになったのは貞享か元禄頃ですから、「西向くサムライ」は慶安ではちょっと古すぎます。寛政十三年（一八〇一）か天保八年（一八三七）のいずれか、私は天保だと思いますが、このとき頭の良い人が侍《さむらい》が日の出に背を向けた、つまり西を向く絵の大小を考えて人気喝采を博したのでしょう。二四六九《にしむく》まではやさしいが、十一を武士の士としたところが憎いじゃないですか。

明治になってそれが思い出され、ちょうどピッタリだと重宝がられて現在に受け継がれているのです。昔の人は絵も上手だったでしょうが、私もこんな大小だっただろうかと想像して、「西向く武士」をおそまつな絵ですが描いてみました（図3）。

不便な旧暦

旧暦は正確にいえば太陰太陽暦。太陰とはお月さまのこと、略して陰暦といいます。

地球から見て太陽と月が同方向にあるときを朔《さく》といい、朔の時刻を含む日を朔日《ついたち》とします。「ついたち」は月の旅立ちの意に由来するといわれますが、この日は月は見えません。そして太陽と月が正反対の方向に見える日を望《ぼう》といいます。満月であり十五夜です。また朔の前日を晦《つごもり》といいます。月がこもって見えにくいという意です。ですから旧暦の一日は月の見えない暗い夜で、十五日はいつも明るい満月。お月さまがカレンダーとなりましたし、潮の干満もわかりました。それじゃ旧暦は便利だと思われるかもしれませんが、とんでもないのです。

月の運行は平均すると二九・五三〇五八九日で、約二十九日半。そこで三十日の大の月と二十九日の小の月を作り暦とするのですが、月の運行は一ヶ月に十三時間以上の差が出てきます。それで実際の天体の運動と計算上の朔をできるだけ近づける「定朔《ていさく》」をします。これは大変に複雑で、毎年の月の大小の配置を変えねばなりません。さらに月の運行での一年は太陽年より約十一日短くなるので、長い間には夏に正月がきてしまい、「盆と正月がいっしょに来たら、炬燵《こたつ》抱えて蚊帳の中」となりかねません。それを修正するために、お月さまとお天とさまを加味した太陰太陽暦で閏月も置かなくてはならず、一年の日数も今のように三百六十五日ではなく、平年で三百五十三日から三百五十五日、閏年では三百八十三日から三百八十五日になり、来年が何日あるのか、どの月が大か小か、暦を手にするまでわからなかったのです。

ちなみに正月から十二月まで、大小大小大小……と規則正しく繰り返されたのは仁和四年（八八八）のたった一回でしたし、現在と同じ小の月が「西向く士」だったのは、旧暦時代に二十回ほど、江戸時代に限れば先に記した三回だけでした。

こんなむつかしいことは岡田芳朗先生の著書『日本の暦』（新人物往来社）や編著の『現代こよみ読み解き事典』（柏書房）などを見ていただいて、旧暦は便利そうに思えるが実は不便であり、何としても月の大小の配列だけは誰もが毎年頭につめ込んでおかないと生活ができなかったから大小暦ができたのだと、まずはご理解ください。

貴重だった暦

どうして月の大小を知っていなければ生活できなかったか。少々例をあげましょうか。昔の決算は盆暮か、毎月の晦日払いでした。もし小の月を大の月と間違えれば、「朔日早々に集金に来るとは縁起でもない」と塩を撒《ま》かれてしまいます。武家でも衣更えが一日でも遅れれば世間の失笑をかい、無礼者といわれたでしょう。質屋では一日違いで流されたり、二ヶ月分の利子を払わされたでしょう。

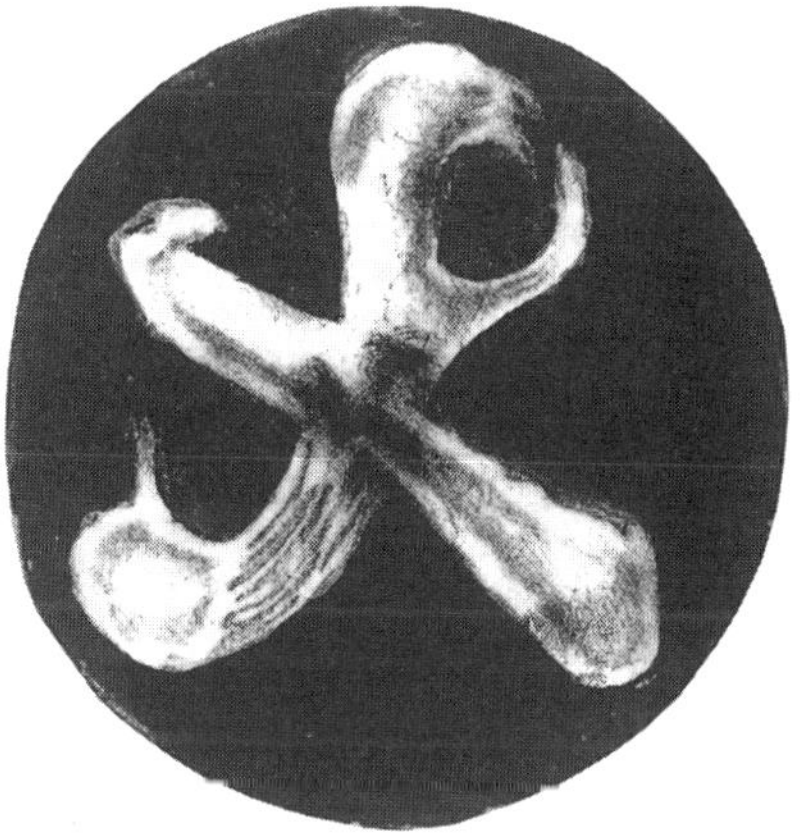

図4　大小告知板・金箔漆塗

そこで江戸時代の商家の店頭やお寺など人の出入りが多い所には、今月は大の月か小の月かを示す告知板が掛けてありました。大小の文字を刻んだ告知板は円形が多い。おそらく月を意識して丸くしたものと思いますが、四角や将棋の駒形、瓢箪形などいろいろで、表裏に大と小と書いてあります。なかには図4のように、大の文字を九十度回転すると小の字に変身する、まさに大は小を兼ねるというアイデアのものもありました。ぐるりと回して見てください。

暦の歴史

暦の語源は「日読《かよみ》」で、日《か》を読み数えることであり、月読尊《つきよみのみこと》（月夜見命）という神様も月を読み暦を司る神という説もあり、西洋のカレンダーは、新月を発見すると祭司が角笛を吹いて月が改まったことを知らせたCALENDS（叫ぶ）から来たなどという話はさておいて、日の出から日の入りまで、明るい昼間と暗い夜を合わせて一日と数えることは、人類の発生と同時になされたと思えます。

時の流れを年・月・週・日など単位として組み立てて自然の周期を知ったのは、長い年月をかけた人類の知恵だったでしょう。

本居宣長は天明二年（一七八二）に『真暦考《しんれきこう》』という本を著しています。これは暦法が大陸から伝来する以前の日本の暦がどんなものであったか考察したものです。木の芽ぶきを見たり、山肌の残雪の形、菜の花が咲くのを見て種蒔きをするとか、ハルゼミが鳴けば雑穀の種蒔き、ツクツクボウシが鳴くとそろそろキノコとりをするとか、鳥のおとずれ、太陽の影の長短、紅葉など自然を生活暦としたのです。

古代エジプトではナイルの大洪水とか天体の星の位置、さまざまな自然の移り変りを暦としたのでしょう。しかし暦を作るには天体の観測や高等数学を必要とし、日の吉凶など占いの術も持たなければならず、特殊な専門家しかできませんでした。

律令の時代は陰陽寮《おんみょうりょう》という役所で暦博士《れきはかせ》がたずさわり、それには帰化人が多くて尊敬されていましたが、十世紀になると加茂《かも》家の家学となり、平安時代中期に、天文は安倍晴明《あべのせいめい》を祖とする安倍家に、暦学は加茂家に分担されました。この暦博士だった加茂家は一時家が絶えてしまい、安倍家が土御門《つちみかど》家と号して暦道も兼ねていましたが、後に加茂家の流れを継ぐ人が幸徳井《かでい》家を名乗り、江戸時代を通じて土御門家の配下となっていました。

暦博士の仕事は中国の暦書から方式通りの計算をして月の大小を定め、十月中に翌年の暦を作ることでした。

暦の優秀さをはかるバロメーターは、日食と月食の正しい予報にあります。日月食の予報は古くから暦に記され、「日そく、月そく」と書かれています。特に日食は不吉の兆として明治時代までは日食のある日は廃朝といって朝廷はお休みしました。

当時の暦法は中国と同じでしたから、中国の暦を毎年なるべく早く輸入すれば計算もいらないのですが、今と違って交通事情も悪く、中国の頒暦を待ったのでは間に合いません。さらに日本と中国では経度や緯度が異なりますから、中国の日食は日本では見えないことがあります。日食を予報しておいて生じなければおめでたいですむのですが、もし暦に記されていないのが起これば大変なことになります。そこで暦博士は計算して、ありそうな日食はとにかく記入しておいたといいます。だがあまり合わないと非難が多くなるのは当然です。そこでついに改暦となります。

貞享《じょうきょう》暦以前の暦法のほとんどは天象と合わなくなって改暦されたそうです。

暦の歴史を私が記すこともないのですが、欽明天皇の世、西暦五五三年に百済から暦博士が来朝し、元嘉《げんか》暦が採用されます。やがて儀鳳《ぎほう》暦や大衍《たいえん》暦に変わり貞観三年（八六一）に宣明《せんみょう》暦となります。改暦することは天下の重大事でしたが、古くはたびたび改暦がありました。それには政治的理由もあったようです。改暦することで天皇の権威を認識させたとも考えられます。

ところが宣明暦は貞享元年（一六八四）まで八百二十三年間も改暦されなかったのです。これはどうやら遣唐使が廃止されたので編暦技術者の後継者がいなくなり、暦法理論が日本人には難解だったので改革したくてもできなかったのだろうといわれています。

やっと渋川春海《はるみ》（一六三九〜一七一五）という大天才が出現しました。江戸幕府初代の天文方《てんもんかた》です。

春海の父は幕府の碁の先生で安井算哲《さんてつ》。春海も家職をつぎ父と同じ名を名乗りましたが、山崎闇《あん》斎《さい》について和漢の学問や神道を学び、天文や暦学も学び、新暦を作製し、徳川光圀《みつくに》や保科正之《ほしなまさゆき》の囲碁のパトロンとしての立場を利用して、当時の宣明暦は気節に二日の狂いがあるので日月食が的中しないと指摘、貞享暦に改暦させたのです。この功により禄百俵を賜わり、碁の先生から天文方に任ぜられ、のち二百五十俵に加増、渋川姓に改め子孫は代々天文方となります。ところがこの世襲の職は一般の行政職とはちがいますから、子孫代々が高度な技術を必ず持つとは限りません。ですから渋川家十二代の内、八人までは養子だったそうです。

私が勤務する神宮徴古館や図書館である神宮文庫には、渋川春海が伊勢神宮に奉納した天球儀や地球儀、暦書の数々があり、国指定の重要文化財になっています。こうしたエピソードももっと紹介したいのですが、早く楽しい大小に話をもどしましょう。

なぜ大小などという暦らしくない暦がつくられたのかを手短かに書けば、江戸幕府は暦の私製を禁じ、頒暦にいたるまで厳重な統制をしたからです。統制をしないと全国でとんでもない混乱が生じるからです。

暦の作られるシステムは、江戸の天文方で暦の上段の月の大小、節気、日月食など科学的な部分を計算し、京都の幸徳井陰陽師に送ります。ここで吉凶など暦註を中・下段に付け加えてまた江戸へ送り返します。貞享改暦以後は天文方に実権は移っていて、暦博士は迷信的な暦註を添えるだけになっていましたが、それを天文方で改めてまた幸徳井家へ送ります。ここでさらに目を通した原稿を京都の大経師《だいきょうじ》という印刷屋に渡して版にし、幸徳井家で校正し、摺《す》った暦を幕府から領主、奉行を経て暦屋に渡し、それから人々の手に入るのです。幕府から交付されるのは権威づけであり、支配下にあるというデモンストレーションの効果があったのでしょう。

改暦にあたっては混乱のないよう全国各地の暦屋に「一切他言申間敷候《もうすまじくそうろう》」の一札を取っていました。そして何度も暦の私製を禁じ、もし違反すれば遠島の刑にするとおどかしました。こうした統制で全国画一な暦が頒布できたのですが、京都には京暦、奈良には南都暦、関東と東北の一部まで江戸暦、三島暦、会津暦、仙台、秋田、盛岡、泉州、大坂、薩摩、丹生、伊勢暦など、幕府の統制した原稿に一部の地方色を加味して頒布していました。図5は、天和三年（一六八三）の伊勢暦の断片です。

人々にとってどうしても暦は必要です。しかし一般にはこうした暦本はなかなか入手できませんでした。しかも書き写すことさえ禁止、もし違反すれば島流しにするとおどされるから、なるべく暦らしくない最小限度必要な月の大小だけでもわかるものが、必要にせまられて作られたのです。まあこうして大小が発生したのだと思います。

ところで大小のような暦が外国にもあるのでしょうか。長谷部言人《はせべことんど》博士は、厳格に云えば必ずしも日本独特のものではないかも知れぬとして、唯一例ドイツにもあると記され、文字を玩《もてあそ》ぶことにかけては一歩を先んじている中国にも大小があってもよいはずだが、まだ知らないといわれています。

中国には年画とか春聯《しゅんれん》というのがあり、新年に家の門や部屋の中や神棚に貼ります。それはめでたい対句や、三国志や西遊記を題材にしたものや、正月にふさわしい図や、富貴を象徴する牡丹の花や魚、麒麟などを描く色あざやかな版画です。その中に絵の上方に月の大小と二十四節を示す簡単な暦が印刷されていることがあります。これは竈《かまど》の神に貼るそうですが、農作業の目安にするといいます。こうした年画の一部に中国でも大小は存在しているようです。

西洋では知りませんが、中世の詩に、

三十日の月は九月に、四月に六月それに十一月、二月だけは二十八日、そして残りの月はみんな三十一日

図5　現存する古い伊勢暦の断片。天和3年（1683）。この年の一年は384日でした。

という大小の学び歌があったと、吉岡修一郎著『数のユーモア』(学生社)に出ていました。

これまで大小について書かれた本はたった一冊、長谷部言人著『大小暦』だけです。これは昭和十八年(一九四三)に宝雲舎から刊行された、A6判、本文一九二頁、写真五十点の冊子で、戦時下の出版とあって印刷も粗悪な、たった千部しか出ていない稀覯本です。幸いにしてご子息の東京国立近代美術館工芸課長の長谷部満彦氏の手により、昭和六十三年に龍渓書舎から復刻刊行されました。

大小暦を本格的に研究した人は、この明治十五年(一八八二)生まれの元東京帝国大学理学部人類学科の初代主任教授で自然人類学専門の長谷部言人博士だけです。先生は現在の東京国立博物館の蔵品である約三千枚の大小と、ご自分の約三百点のコレクションを研究されました。この本は私にとって実に有難く、参考にさせていただける学恩に感謝いたします。

第二章

さあ大小を読み解こう

手はじめの大小

わかりやすい大小から始めましょう。図6は、大黒さまと福寿草の鉢を持つ子供の図です。打出の小槌を持つ大黒天が大ですから、大の月というわけ。数字があるのを探してみましょう。袋に八、十、体に十二、六、腕に三、頭巾に正の字があります。

子供には四、七、十一、九、五、それから二もあります。この二、四、五、七、九、十一が小の月。この配列を調べます。巻末にある「大小年号早見表」で見ていただくと、ずばりこの配列の年は一つしかありません。嘉永三年（一八五〇）庚戌《かのえいぬ》の年とわかります。

歴史年表を見ると、この年は外国船が来航、幕府は各地の海岸要地に台場《だいば》を築き、高野長英《たかのちょうえい》が自殺。国定忠治《くにさだちゅうじ》が磔刑になっています。こんな年の暦です。これが描かれたのは前年の秋でしょうから、幕府が打払令復活を予告して諸大名に防備強化を命じ、人々に海防の協力を呼びかけた頃でしょうか。暦一枚からいろいろな連想や空想ができます。

大黒さまは大小に使いやすいキャラクターですからたくさん登場します。また後ほど説明しますが、以前に修学旅行で関西から来た小学生を私が神宮農業館に案内して、米俵を見せてこれは何ですかと聞くと、「知らん、始めて見た」、「何やろ見たことない」、すると利口そうな女の子が、「大黒さんの座布団や」と小声でつぶやきました。

図6　(21×15.5 cm)

次に、図7は天明四年（一七八四）甲《きのえ》辰《たつ》。礒田湖龍斎という人の作です。わかりやすいです。

図7　(模写)

図8は、猿まわしでしょうか。福助さんのような子が小猿に芸をさせています。

目出たいといふをきゝ〳〵おたがひに　人真似をするさるの初春

猿に正、三、四、六、八、十二、そして小の字がみえます。人物の着物に大、二、五、七、九、十、十一が記されています。これは弘化五年（一八四八）大小画と題簽に書いてありますから、調べるまでもありません。もちろん申年《さる》です。隠田舎という印があり手描きの珍しいものです。

ところで弘化五年は二月二十八日に嘉永元年と改元されました。現在の歴史家は年号が変った年に対しては一月一日から新元号を用いますが、大小は前年の十月から十一月頃に作りますから、元年と記されたものはないわけです。新しい元号は第二年から始まっています。

改元は天皇が即位されたときはもちろん瑞祥の出現や、天災、戦乱、飢饉、疫病の流行など不吉な事件や讖緯《しんい》説によっても行われました。明治になって一世一元の制が定められるまではしばしば改元されました。大化から平成の現代まで南北朝時代も含めると二百四十五の年号があり、一つの年号の平均は約五年、お一人の天皇が二、三の年号を用いています。なかでも後醍醐天皇と後花園天皇は八回、四条天皇は在位わずか九年二ヶ月の間に六回も改元していますから、暦を作る人は目を回したことでしょう。

次に、嘉永七年（一八五四）の二枚を解説します（図9・カラー口絵2）。まず図9は、

図 8　(22×15 cm)

図 9　(17×11 cm)

正直のかうべ《(頭)》にか二《(神)》の五《いつ》くしみ　閏《うるほ》ふ家のふ九《(福)》としら霜

嘉永七年の扇を持っています。この年は十一月二十八日に安政元年になっています。

二、四、六、七、八、十、十二が絵にあります。頭に赤い小さな大の字がありますから絵の数字が大の月、したがって小の月が歌に詠まれています。楽しみながら見てください。六がちょっとわかりにくいでしょうか。正直の正は一月、霜は霜月で十一月です。この年は閏月があり七月が大と小の二回ありましたが、閏小の七月は略されています。

カラー口絵2も同じ年のもの。

立かへるはやき月日や初暦　　芳川

これもよく出来ています。デンデン太鼓に張り子の虎。虎の縞模様に数字が隠されています。虎の尻と尾に、嘉永七年大小、三百八十四日とあるのはこの年とその日数です。

図10は、享保九年（一七二四）甲辰《きのえたつ》の大小です。とてもわかりやすいでしょう。順礼の図。模写では略しましたが「小《こ》こ路《ろ》なき三二《みに》も閏は四《し》られけり五月むなしく七夕の霜」という歌が添えてあります。こういうのを絵文字とか判じ絵仕立てといいます。

図11の大小は、恵比寿さんが鯛を釣り上げた絵です。印に明和二か三か、釣糸に「ひの八戌《いぬ》のとし」とありますから明和三年（一七六六）です。松春堂の絵は上手、恵比寿が大で小は鯛。これは長谷部満彦氏の所蔵です。

図12は船をあしらった大小です。

　よね（米）つみて入来るふねは大《ヲアイ》なり　御代も豊に浪小《スコシ》なり

㊅の帆を上げた船は大の月、波は小波で小の月。天保九年（一八三八）の旗を上げています。こうした工夫と、それを読み解く面白さを味わってください。

図13も船をあしらっています。

　あの舟《ふね》に積《つ》んだ荷《に》はなんで小《しやう》
　五四《(ご酒)》が二百八十七樽

閏三の帆を上げた舟は数字で構成されています。万延元年（一八六〇）庚申《かのえさる》のものです。

次は図14です。

　よめとり　むことり

▶図 10 （模写・部分）

◀図 11

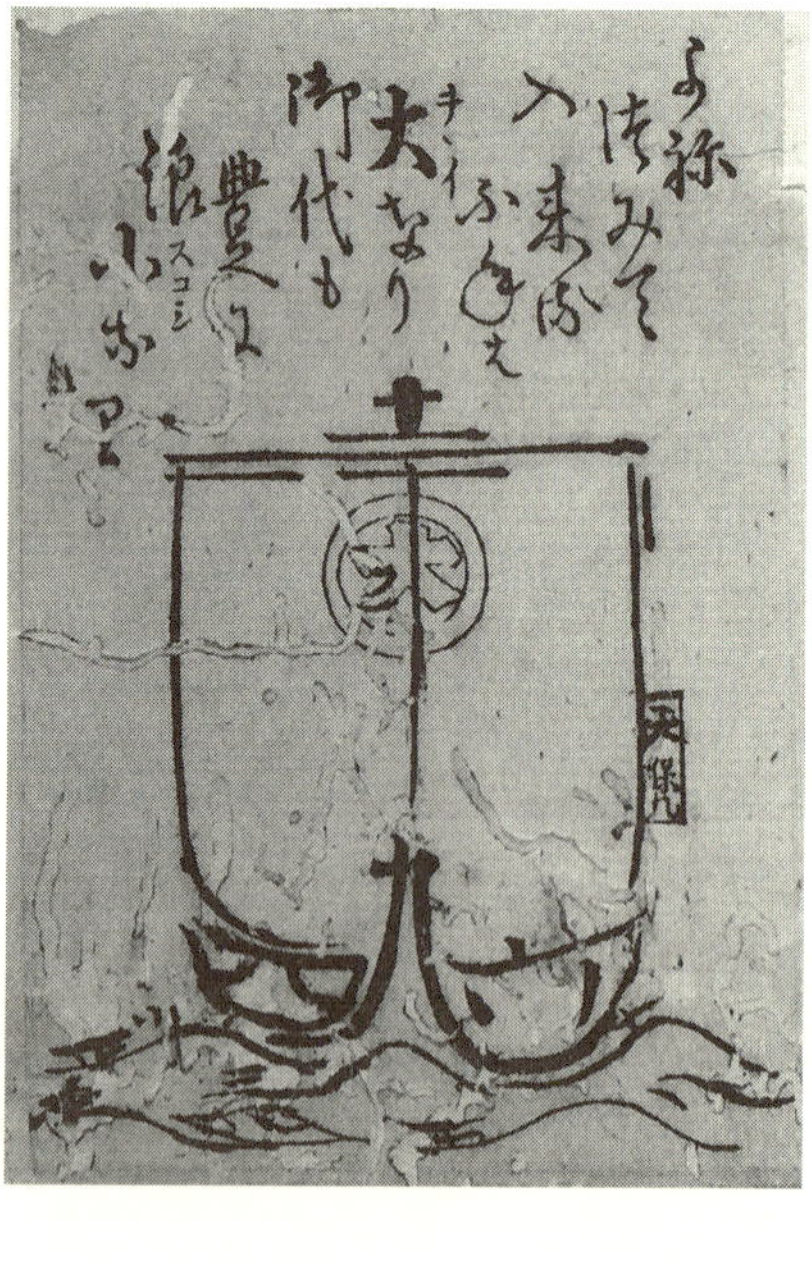

▶図 12
(8.5×12 cm)

万延の二字のよ喜《き》名をとりの春

これはちょっと探しにくいかもしれませんが、万延の二字とありますから万延二年（一八六一）で、二月十九日に改元していますから文久元年。この年の大小配列は、大が二、三、五、七、九、十二。大刀を置く新郎が大、新婦に小の月を配しています。もちろん「とり」の年です。

図13　（８×16 cm）

図14　（17×12 cm）

カラーロ絵3は弘化四年（一八四七）丁未《ひのとひつじ》の大小。

ひのとの未

はる来ぬといでて小《こ》と霜《しも》野辺五《ご》と二《に》　八《はつ》わかなつむ四方の里人　　誠応

小品ですが色美しく空押しの版画技法を用いた上品な大小です。

『万葉集』や『古今集』にも出てくる若菜摘《わかなつみ》は、正月はじめの子《ね》の日に七種の新菜を摘んで神にお供えし、七草粥《ななくさがゆ》にもしました。

春の七草は、セリ、ナズナ、ゴギョウ、ハコベ、ホトケノザ、スズナ、スズシロで、正式にはこの七草を摘むのですが、全部を求めるのは容易でなく、ナズナを主とすることが多かったようです。これを食べると万病を除くとされ、楽しい野遊びでした。

画家の誠応は、芝増上寺に住んだ絵師で文政年間に活躍した中西誠応と思われますが、若々しい作風ですから別人の号かもしれません。

カラーロ絵4は、「慶応三丁卯年春興」（一八六七）とある大小です。

「大は小を兼ねる」ということわざがあります。大きいものはそれ自体の用途の他にも、小さいものの代用品としても使えるというのですが、それなら杓子《しゃくし》は耳掻になるか、長持は枕になるか、薪《たきぎ》は楊枝《ようじ》の代わりになるかと昔の人も理屈っぽい。

ところでこの大は本当に小を兼ねているのです。45度左に傾けると、あれあれ、大の字が小に変身！　実におみごとです。誰が考えたのかアイデア賞をさしあげたい。

どうぞこの本をぐるっと廻して、人と小の字の変化を楽しんでください。色彩も江戸好みですっきりして、私の大好きな一枚です。

正、三、五、六、七、九の字が正面に見える角度が小の月ですが、「亥子の間万《よろず》よし」と明《あき》の方《かた》を示したり、一年は三五四日で彼岸は何日とサービスもしてあります。「春奥」の「奥」は興の略字で、春のなぐさみ、春の楽しみ、春のおもしろみのこと。まあ、めでたい春の余興に一つ、お笑いくださいといった軽い意味です。なんとも心憎いではありませんか。

図15は、牛の絵に和歌。

　正じきに三《み》な四《世》の中は六《睦》つまじく　八《や》さしき十《友》もぞ極《十二》大じなる

牛の尻尾に小の字。歌に「極大事なる」と大の月。

嘉永六年（一八五三）癸丑《みずのとうし》のもの。亀水作として亀の印があるのも見落とさないでください。

図16は、兎に和歌で、嘉永八年（安政二年）乙卯《きのとう》歳初春。

　吉例にさゝぐる御年玉兎《おとしたまうさぎ》　十二《じふに》か月《つき》の御《ご》ちやう宝《はう》もの

図 15　(12.5×8.7 cm)

図 16　(12.5×17.5 cm)

図17　(18×12 cm)

大きい兎に大の月、小兎に小の月。まあよく出来たかわいい大小です。

図17は、錦絵に和歌の大小。

庭《二八》の霜《十一》にうる《閏》ほひ見せし《四》睦《六》月かな

酉の春　玉石子　禁賣買

大太鼓の上でエトの鶏が鳴く。この錦絵はこよみと関係はありません。和歌がポイントです。二、八、十一、閏四、四、六がそれです。

太鼓だから大かなと思いましたが、歌は小の月でした。嘉永二年（一八四九）己酉《つちのととり》のこよみ。

「禁賣買」とあるのにご注目ください。暦は幕府が統制していましたから売買は禁止されました。といっても伊勢暦とか三島暦といった公認の暦は許されていましたが、大小は好事家どうしの交換用とか、現代の年賀状のようなプレゼント用だったのです。

大小の楽しみ

平成、昭和、大正、明治の向こうは江戸時代という一まとめの時代です。慶応からさかのぼると三十六の年号とおよそ二百七十年の時間の流れがありました。その中で実用性半分以下、遊び半分以上の大小という暦が存在し、科学的ではないけれど芸術といえる楽しいアイデアいっぱいの文化の花を咲かせていました。それはもう過去の遺産にすぎず、今さらという気もいたしますが、私たちの祖先はこんな大らかな楽しみを持っていたことを知っていただきたいものです。

はじめは食べる楽しみからいきましょう。

まずはカラー口絵5の大小です。

四季流行　料理通　戌春

春の部

正月　大こんふろふきいとめあしらい　凧《たこ》のいときりわかめ

二月　柳葉の小あゆ　木のめぬた

三月　うどの大ぼく　雛のめうと中うまに　すいつくたこの桜煮　但しはやし（囃）方あり

夏の部

四月　大こんおろし　松魚《かつお》のさしみ　附合せ　卯《う》の花くだし　ねりくずころもがへ

五月　小豆《あづき》たくさん五月汁　くず玉みそ

六月　大なすび　たいこ切たたきはやし　ぎおんどうふ　あんどんかけ　やくみぢぐち（地口）にぎやかに

秋の部

七月　小かれいたんざく　星がれい　天の川ともうまに　ねがひの糸きりこんにやく　しきしのりかけ

八月　大すずきあらひ　月の出しほ煮　詩哥れんこん附合せ

九月　小ぎくのけん紅葉　鮒なます　附あはせ菊み初茸がりなど好次第

冬の部

十月　小鯛　えぼしたたき　つり糸さよりはりせうが　ゑびすかう　てうちぐり（丹波栗）しめてしやん〳〵

十一月　大なごんささげ　いはひの赤飯　にしめ松竹梅　鶴亀もり合せ　ほうらいのしまだい

十二月　小梅干　福茶　さんしよ餅　かけとり　なべやき　ついなごまめあひ　赤いわし　なます　しやうきのけんひいらぎ

これは凝った江戸料理のメニュー暦です。

犬が初ガツオをくわえていて、文政九年（一八二六）丙戌《ひのえいぬ》。

解説するまでもありませんが、正月は風呂吹大根で大の月、凧の糸切り若布と季節をあしらっています。

十二月は小梅干で小の月、かけとりは年末払いですから、掛売りの代金を取り立てること。赤いわしは赤く錆びた鈍刀のことですが、ここでは追儺《ついな》の日に柊《ひいらぎ》に添えて戸口に挿した、糖をまぶして塩漬けにしたり、乾した錆色のイワシをいいます。鐘馗《しょうき》の剣柊とは、進士試験に落第して自殺した鐘馗が玄宗皇帝の夢に出てきて魔を祓い病を癒したという故事から、その持つ剣に似るとしてヒイラギの葉を疫鬼除けとして豆撒き行事に用いました。今は二月の立春の前日ですが、昔は大晦日《おおみそか》になされ、立春が正月でした。

図18は、安政六年（一八五九）己未《つちのとひつじ》のもの。

　正月や雛にお祭り菊見月　お祝ひ月も暮も大樽

　二小より四五小猶《なお》も七八小　一十《ト》まで呑かしまやの酒

大樽だから大の月、雛は三月、菊見は九月、お祭りは祇園祭りで六月、お祝い月は十一月で暮はもちろん十二月。小は酒一升の升で十は斗。「かしまやの酒」は大坂の豪商の加島屋《かじまや》でしょうか。

これだけで充分に理解できるのに、酒呑みはくどい。ご丁寧にも大樽の図にも大きな字で大の月、小文字が小で二七十八四五とおまけを付けています。さらに未歳の印まで添えてあります。これは手描き、さぞかし酒好きな人の作品と、私もにんまりしてまたもやグラスに手を伸ばしてしまいました。

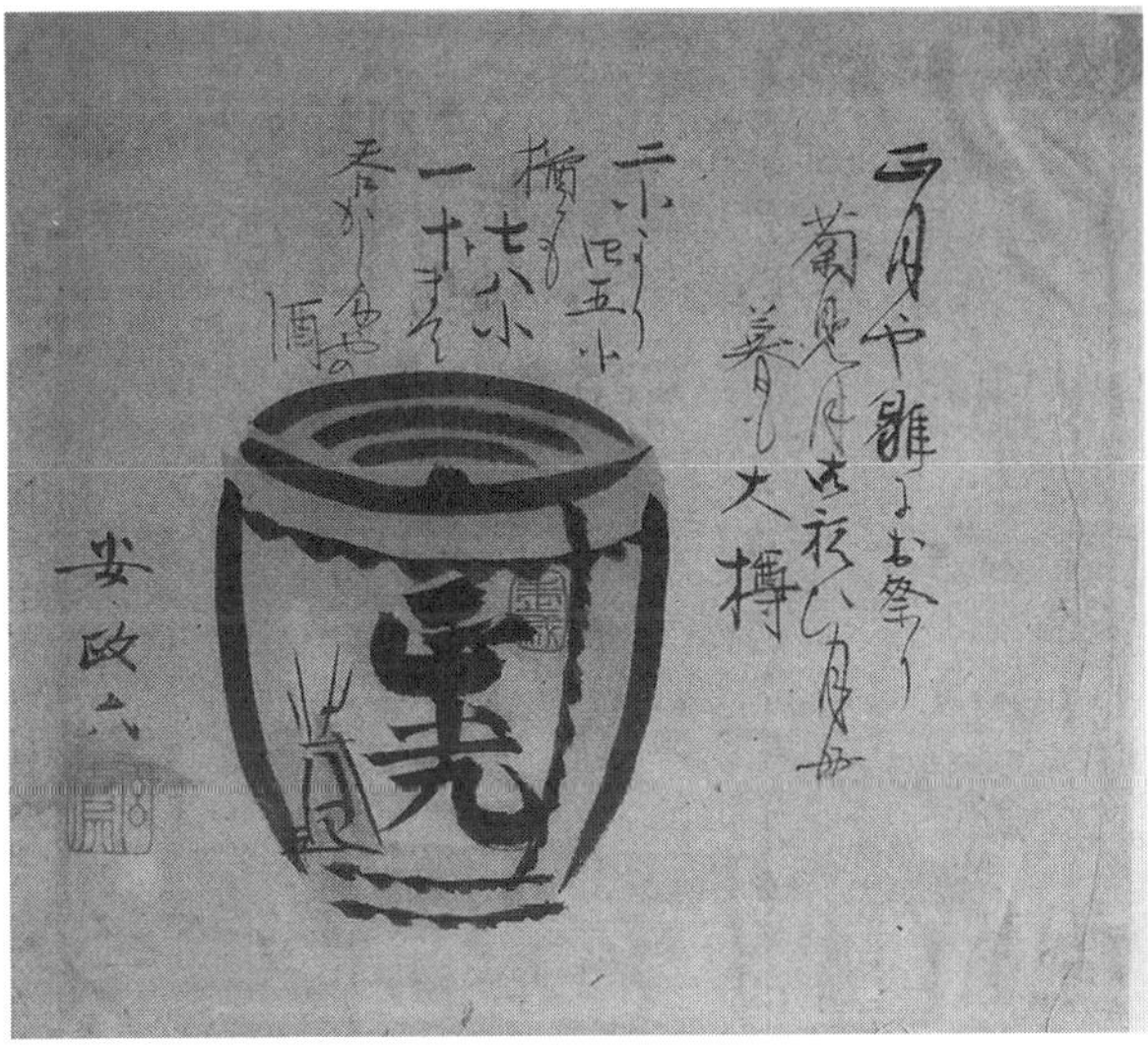

図18　(21×18 cm)

甘党のもあります。『甲子夜話』に出ている餅づくしの大小です。

大好は雑煮草餅柏餅盆のぼた餅ゐの子寒餅

大好きですから大の月、一、三、五、七、十、十二で宝暦十三年（一七六三）の大小です。

酒をやめて餅に小

若餅やひなの草餅かしは餅盆の萩餅亥の子寒餅

というのもあります。

天明三年（一七八三）には、

小[1]鯛[2]小[3]鯛[4]大[5]根[6]大[7]根[8]大[9]根[10]大[11]根[12]　（根小、鯛大）

寛政十三年（一七九一）には、

鯛ャ小鯛ャ小鯛ャ小鯛ャ鯛ャ鯛ャ小鯛ャ小鯛

とあり、これは鯛が大の月です。

大盃二三ばいのんだ五きげんで七《な》二《に》の九もなく眠って霜た

と茶臼によりかかり寝る坊さんの衣が小の月の数字で描かれる元文三年（一七三八）のものもあるそうです。

おつぎは芝居で、カラーロ絵6は嘉永三年（一八五〇）庚戌《かのえいぬ》のものです。

正《しょ》三《さ》ご十《と》も六《む》かしに恥《はぢ》ぬ八代目　大極上々吉の立《たて》もの

成田屋、八代目市川団十郎の「矢の根」を描く。所作事とは歌舞伎舞踊で慣例として長唄を伴奏とする舞踊劇。大極上々は最高にすぐれていること。立者《たてもの》は立役者で一座中の幹部俳優のこと。「矢の根」は歌舞伎十八番の一。享保十四年（一七二九）市村座の「扇《すえひろがり》恵方《えほう》曽《そ》我《が》」に二代目市川団十郎が初演。

二代目が贔屓《ひいき》にしていた幕府の御研物師《とぎものし》、佐栖木弥太郎が正月の仕事初めに厚綿の布子を着て炬《こ》燵櫓《たつやぐら》に跨がり、大矢の根（鏃《やじり》）を研ぐ吉例の所作をヒントに、曽我五郎が父の仇を討とうとする荒事に取り入れたもの。

一心に矢の根を研ぎつつ、うたた寝をした夢の中に兄の十郎の危急を知り、通りがかった馬を奪って工藤の館へ向かうという筋。五郎と年始に来た大薩摩《おおざつま》の太夫と七福神や宝船の問答などがあり、初春の祝儀的な演目のため、正月に配る大小にはもってこいのテーマです。

作者の署名などありませんが、芝居好きな人が相当な絵師に依頼して摺らしたものでしょう。彫りも摺りの技巧もすばらしい。

団十郎の似顔絵の大小は初代の烏亭焉馬《うていえんば》が毎年出しつづけ、八十歳で亡くなるまで五十年間つづけたといいます。これは五代目の顔だったそうですが、すごいファンだったのです。この絵師の本職は大工の棟梁というから楽しくなります。

この暦のモデル、八代目団十郎（一八二三～五四）は、文化文政から安政にかけて江戸と京大坂の劇壇を風靡《ふうび》して広い役柄をこなした、所作事にも優れた名優七代目の長男。

文政八年に海老蔵《えびぞう》と改め、天保三年に十歳にして八代目団十郎を襲名しました。そして江戸時代の人々を熱狂させるほどの美貌の人気俳優となりましたが、どうしたことか、この大小が作られた四年後の嘉永七年八月に大坂で三十二歳にして自殺しています。人気絶頂でしたから、死後に浅草で開かれた彼の一代記の生人形の見世物は、百二十日間打ち通しで千五百両の利益を上げたといいます。

図19は、安政七年（一八六〇）庚申《かのえさる》の真鶴と雲竜という相撲取組番付の大小です。力士名に月の数字が隠されています。ちょっとわかりにくいのですが、真に大、雲に小の字があります。「大小年号早見表」で照らし合わせて、あなたも探してください。でもこれは実用になりません。作者の「赤ふんどし」氏、そうとうな相撲ファンだったらしく毎年こうした力士名の番付大小を作っていたといいます。毎年のことだからさぞかし赤ふん氏、頭をかかえて考えたのでしょうが、まだこれはなんとかそれらしく読める一枚、なかにはどうしてもわからないものもあります。軍配扇の「安政七庚申年」も面白い。この年の三月には万延元年と改元されています。

図20は、嘉永六年（一八五三）癸丑《みずのとうし》歳略暦という、大小だけではなく、さらに暦註のデータを加えた略暦です。

しかし最も肝心なのは大小を知ることですから大小を大きく書き、月のはじめのエトを記しています。相撲の弓取式の具を立てかけ、行司は四季守丑之歳とシャレています。歌は、

東より吹来るかぜの手取《てとり》とて　そらに霞の引分ぞする

図 19　(15×11.5 cm)

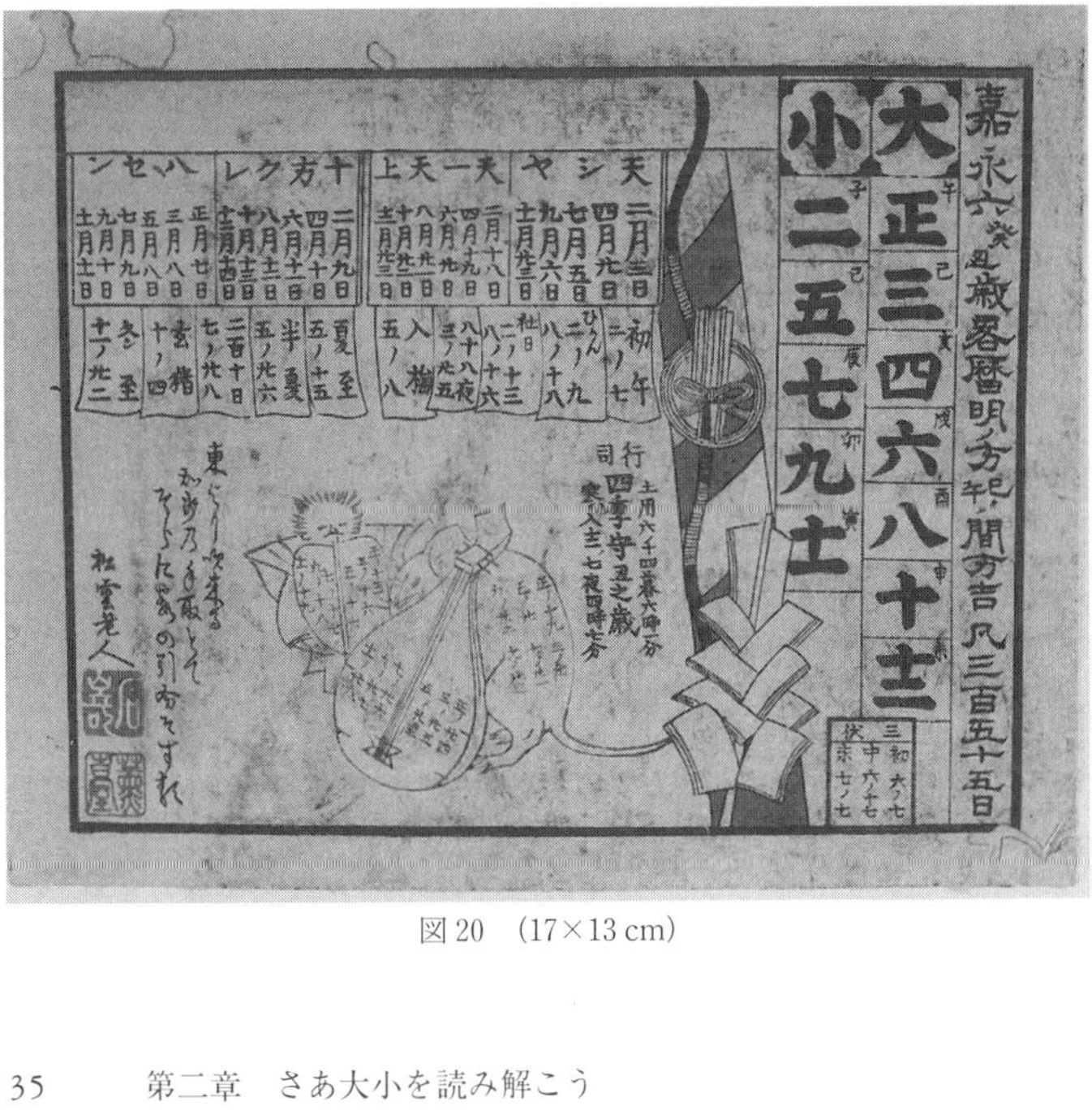

図 20　(17×13 cm)

「松雲老人石崎」、どんな人か知りませんが、赤と青の色彩感覚がよく、実用にもなる楽しいものです。

図21は落語というか、小咄の大小です。

おまへさん花好のうちをごぞんじか
エヽあれハ
小日向組八《や》しき下《しも》　四《し》んざか下　四《し》ま六《む》らの二《じ》めんサ
そふ嘉永《かへ》門から酉《霜》つきか　イヽエ二けんめサ
よくごぞんじだね所がきを宜しく暦《こよみ》だそふ
阿らぬ左太郎

「そふかへ云々」と、嘉永二年（一八四九）己酉《つちのととり》を読みこむのはさすが、この年は閏で小の四月が二度ありました。

図22は、慶応二年（一八六六）丙寅《ひのえとら》の大小です。

小ノ月　二《に》四東《しひがし》　男女もの六《む》つまじく　五《ご》り小《せう》たのむ福《ふく》と九《く》ノ神

絵は韓信《かんしん》の股くぐり。韓信は漢初の武将で、蕭何《しょうか》と張良《ちょうりょう》と共に漢の三傑といわれた人。青年時代に辱められて股くぐりをさせられましたが、よく忍耐したという有名なエピソードを、寅年だから虎と二股大根の股をくぐらせる趣向。

ごりしょうは御利生、仏教語の利益、神道ではおかげといいます。福徳の神は幸福と利益を与えてくださる神です。

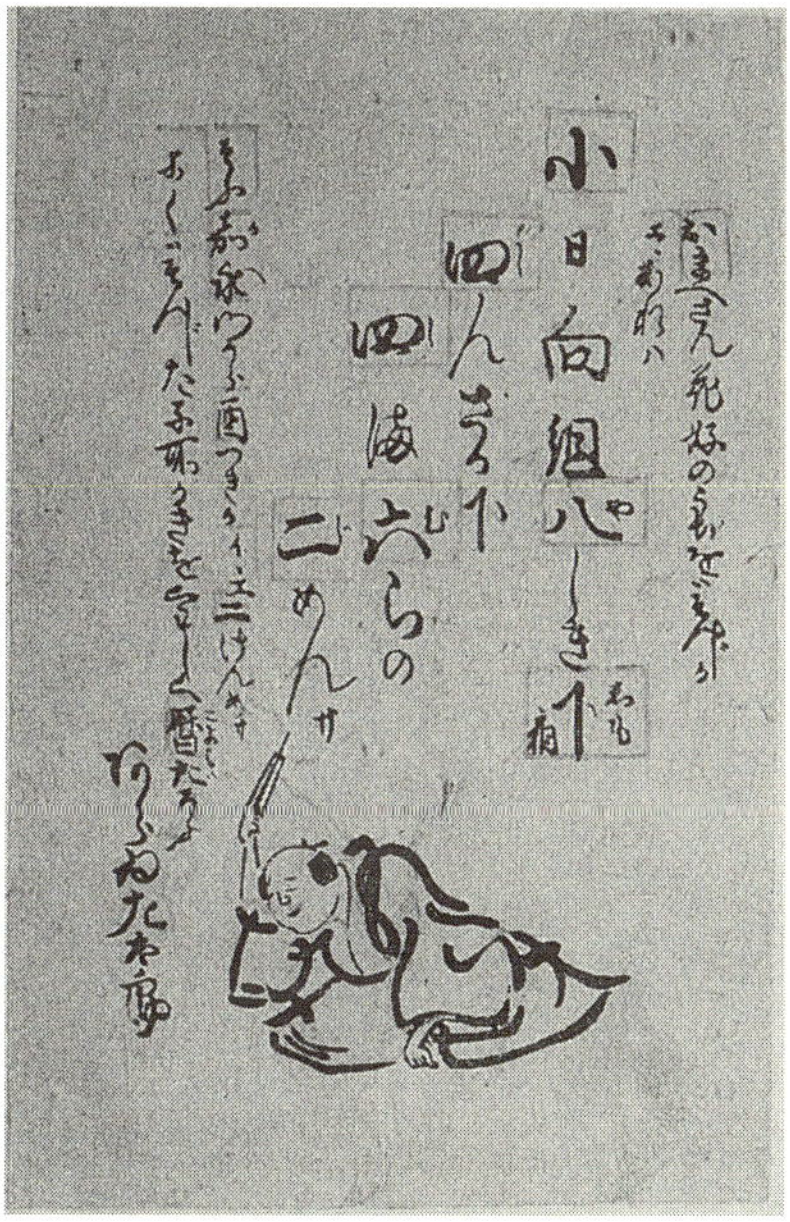

図21 (8.5×12.5 cm)

図22 (17×12 cm)

図23は、慶応三年（一八六七）丁卯《ひのとう》の大小。

二《に》ぎ八《や》かに十霜《としも》みへたる四《よ》い春の　恵方《えほう》に向《むか》ひ極《ごく》おめでたや

卯年だから兎の万才。「霜」は十一月、「極」は十二月。和歌で明確に大の月を示し、絵では小の月を記す小細工などせず、実に格調高い大小に仕上げています。無款ですが相当の作者の筆だと思います。

次は図24です。

正じきに七五三《しめ》を九ぐ六《る》やはるの門《かど》

これも同年の同じ作者のものです。こちらの兎は大の月で構成されています。

次に、騒然とした時代の大小を取り上げましょう。現代も第二の黒船来たる国難の騒然とした時代を迎えていますが、安政元年（一八五四）、江戸幕府は黒船来航にそなえ品川沖に砲台を築造しました。その御台場に鎧を着た武者が参集するのを見て、洒落《しゃれ》っ気たっぷりな江戸町人は早速に大小の題材としました。

まずは図25の大小です。

図 23　(18×12 cm)

図 25　(8.4×12.6 cm)

図 24　(8 ×17.5 cm)

御大八《バ》二　極げん十七《ナ》四《ヨ》ろひ六《ム》者

御台場だから大の月を示しています。極は極月であり十二月のこと。「極げん十七」は、極厳重《ごくげんじゅう》など読ませるのでしょう。

鎧武者の絵には小の月の字があります。正、三、五、九、十一。袖に閏とあるのは七月に小の月の閏があると示すのですが、七月だと記さないのはちょっと不親切。もっとも先に出した安政四年の異人さんの兵隊の大小（カラーロ絵ー）も、閏の五月があったのですがカットされています。これだけ芸術的に完成していると閏月を入れるのは無理といえましょうか。たぶん閏月のあることは衆知のことであり、大小は実用の暦ではなくなっていたから無視されたのでしょう。

安政元年は十一月二十八日に嘉永七年から改元されています。この大小には「きの画寅」（甲寅）と書かれていて年号は記してなかったからよいのですが、年末に改元されたのでこの年の大小にはないはずの嘉永八年と記されたものもあります。

図26は、その嘉永八年だった安政二年版で、黒船の絵を小の月で構成し、大の月は、

大筒左右ニ八てふづつ　船長六十一間程　横九間五尺　外ニ蒸気汽船ニそふ

と説明文に大の月を詠み込んでいます。大筒ですから大で、数字が大の月を示すなどくどい説明はいたしません。朱印は「はつ春」でしょうか。

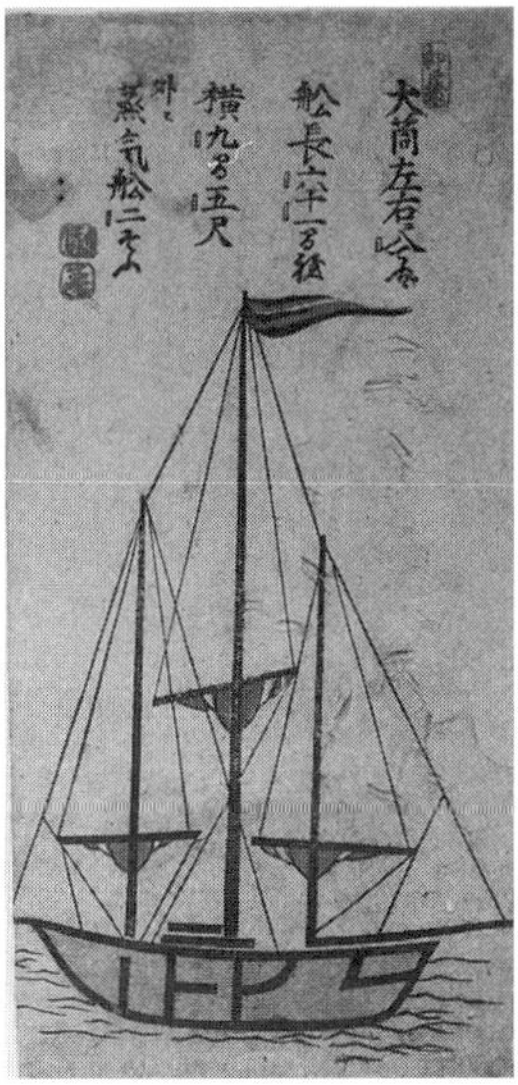

図26　(8.6×18 cm)

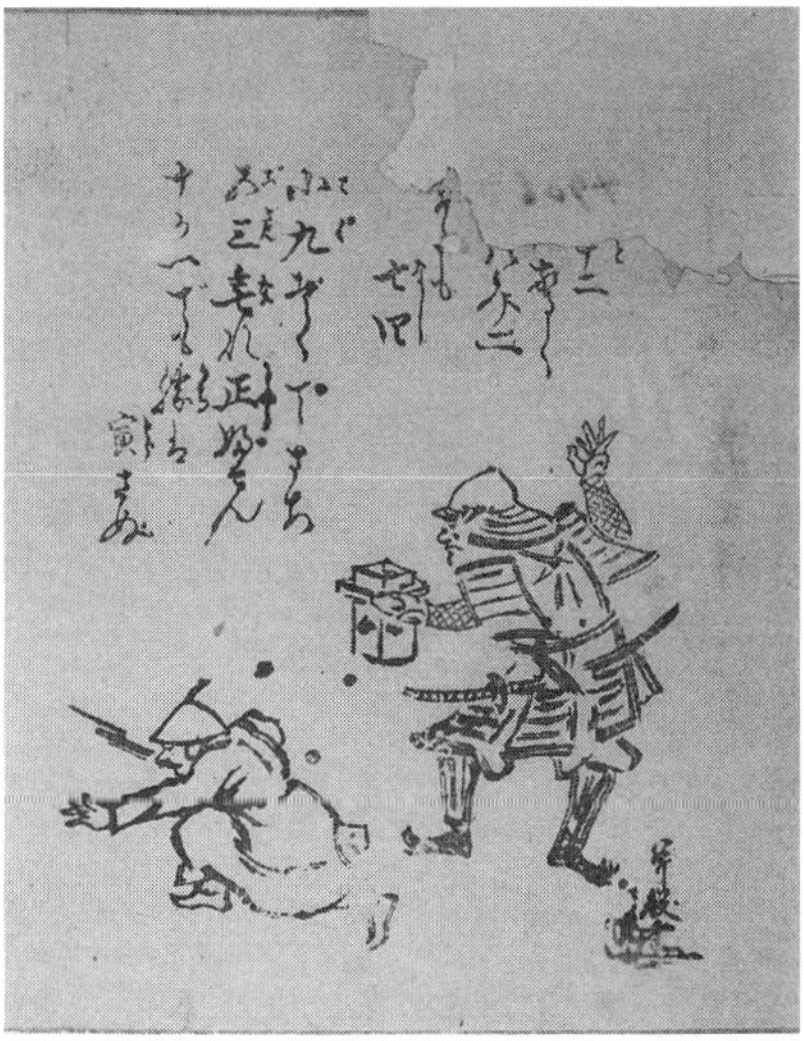

図27　(15×17 cm)

図27は、破れていて大の月の文は読めませんが、鉄砲を持つなんだか中国兵のような人と小具足の鎧を着た武士が、豆撒きをして鬼ならぬ夷狄を追い払う黒一色の木版画です。

小九《こぐ》そくでさあ五三《ござん》壬七《な》れ正《しやう》ぶせん

十が一でも勝《かち》は寅《とら》さぬ

小の月が一、三、五、閏七、九、十一、「寅さぬ」とあるから寅年です。さあ何年でしょう。本書巻末の「大小年号早見表」で調べますと、これも安政元年です。

鳥羽伏見の戦いの時には、官軍の大勝利と徳川方の小敗という大小も作られたそうです。

図28は、文久元年（一八六一）辛酉《かのととり》の大小です。

大小の鍔《つば》をみがひてさすがにも　ちゃんとおとなふ武士《ぶし》の年礼《ねんれい》　万亭 応 賀

大きな絵風鐔《えふうつば》に年中行事の品々、初午の稲荷の鍵、雛人形、菖蒲、七夕、菊、せきぞろ。小鐔には正、四、六、八、十、十一と彫られた格調高い大小です。

装剣金具の鐔（鍔）は柄にとりつけて拳を守りバランスをとるためのもので、主として室町時代以降の打刀に使用され、桃山・江戸時代にはすばらしいデザインと細工で、小さな面にあらゆる技法を表現して芸術性豊かな工芸品として鑑賞できるものが作られました。私も若い頃はこれに惚れこんで、ずいぶん小遣いをついやしたものです。

絵風鐔には、赤銅か四分一《しぶいち》の台に金銀や色絵を象眼や蠟づけではめこみ、覆輪を施したみごとな作品があります。私も実際にこのような十二ヶ月の風物を彫ったものを見たことがあります。小の方は透鐔《すかしつば》、鉄地を残して地透かしにしたものです。

この年、二月十九日に万延からたった一年で改元されました。普通なら万延二年と記すところ、さすが万亭さん、酉春作として年号を入れませんでした。それは甲子《きのえね》や辛酉《かのととり》の年は革命の凶運があるとして、平安時代の延喜以降は改元がなされる例になっていたからです。万亭応賀の作品はどれもよくできています。さすが専門の戯作者です。

図28 (15.7×11 cm)

図29 (8 × 9 cm)

図29は、元治二年(一八六五)乙丑《きのとうし》の大小です。四月七日に改元されて慶応元年。

オリジナルは実物大の小鐔ですが、版画ながらも鉄の鍛えのよさが感じられます。こうした透し彫りの文字を施す丸形の鐔は、幕末の刀工が余技として製作した刀匠鐔です。小鐔ですから小の月とわかりますが、茎《なかご》と小柄と笄《こうがい》の櫃孔《ひつあな》が白く抜けて小の字になっています。周りの文字は虫喰いで読めませんが、朱印で閏五大とあり親切です。

次は図30の大小。

いちに富士　二《二》たかなすびの三《三》なれば　とに《十二》もい《五》づく《九》も　夢やよならむ《六》　小月

初夢を見ると縁起が良いものの順に、「一富士二鷹三茄子」といいます。江戸時代からのことわざで、将軍家に縁の深い駿河の国の名産を並べたとする説や、富士山の高大さと、鷹はつかみ取る、茄子は無駄花がなく成すというめでたさで、などといわれます。これは新年にふさわしい図柄ですが、茄子のへたに大小の字があるものの、絵は関係なさそうです。

小の月が、二、三、五、六、九、十二月となるとただ一つ、元治二年、すなわち慶応元年（一八六五）乙丑《きのとうし》です。

図31も慶応元年（一八六五）乙丑《きのとうし》の大小です。

小六《こむ》ツめのとしは十二で五九きれゐ　モウ二三年にてうしはさだまる

うし（大人）は領有し支配する人、主人、ぬし。もちろんきのと丑年。当時は十四五で嫁に行ったのです。

モウは牛の鳴き声、小むすめだから数字は小の月です。

図32も慶応元年（一八六五）乙丑《きのとうし》の大小です。

図30　（9×15.5 cm）

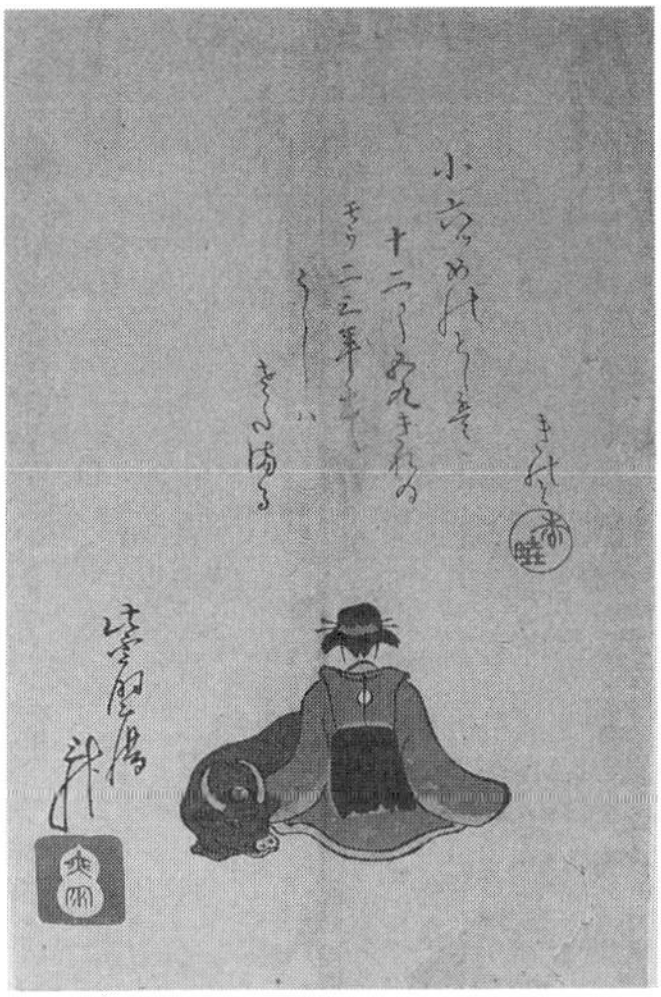
図31　（11×17 cm）

丑ど《十》し《霜》も恵方は《八》申と酉の町　みな《七》よし《四》原と
　まさ《正》にう《閏五》る大《おふ》

恵方《えほう》は明《あき》の方《かた》ともいって、その年の福徳を司る歳徳神《としとくじん》がいる方位。この年は申《さる》と酉《とり》の方向でした。

吉原は葭《よし》が一面に生えていたので葭原でしたが、のち吉原と改められた東京都台東区千束の遊郭。鷲《おおとり》神社に近かったのでお参りもかねて

図32　（6×15.5 cm）

遊びに行きましたから、まさに潤う町でした。

図はおかめ（お多福）が付く酉の市の熊手と宝珠。熊手は熊の手のような、物をひっかけるのに用いる道具。鉄製や竹製があり、昔は武器ともされ、舟の備品でもありましたが、今は塵をかき寄せるのに用います。

各地の大鳥神社（鷲神社）では、十一月の酉《とり》の市《いち》に売り出す縁起物に熊手があります。それには宝船、おかめの面、小判、枡《ます》などを付けて福徳をかき集めるとします。東京では浅草の鷲神社が有名で、「もっぱらこの縁起物を買うのは遊女屋、茶屋、料理屋、船宿、芝居に関係する業界の人々で、一年中これを天井の下に垂しその大きなことを好とし、正業の家には置くことは稀である」と『守貞漫稿《もりさだまんこう》』にあります。

この大小、熊手に数字がみえ、小の月を示そうとしたのです。ちょっと無理でした。まあ大を示す文章だけでご勘弁といった作品。


カラー口絵7は、慶応三年（一八六七）丁卯《ひのとう》の大小です。

京・大阪・江戸の三都お多福くらべ。吉例御年玉とあるから、毎年この人、いろいろと考案して画家に注文して作らせたのでしょう。今の年賀状のようなものですが、こんなのをもらえればうれしいですね。ところでこの当時の人の生活空間は、自分自身の足の及ぶ限り、ごく狭い範囲で、京都の人が江戸の人と大小を交換するというわけにはいきませんでした。もちろん飛脚はありましたが、とても高価で一般人が利用するなんてできません。したがって、風雅な人が俳句や狂歌を年初に披露する歳旦の摺物や大小を贈りあうのも、近くの人々にだけでした。そんなわけで全国各地に残されている大小はおそらく一万種ほどになろうといわれますが、めったに同じものを目にすることはありません。

現在も年賀ハガキの蒐集家は少ないでしょうが、大小もほぼハガキ大、奉書紙を十六分した小判の一枚刷が多かったので、ほとんど保存はされませんでした。好事家が蒐集していても、貼り込んでありますから、展覧会があっても貼面の一部しか公開できません。ですからこんな面白いものが知られていなかったのです。

図33は、慶応四年（明治元年）戊辰《みずのえたつ》略歴というものです。地図による略暦ですが、地名は記していません。富士山を中心とする関東地方で流れる川は相模川でしょうか。朱印は禁賣と読めます。

図34は、明治三年（一八七〇）庚午《かのえうま》の大小です。

一蕙斎芳幾

図 33　(19×15 cm)

図 34　(15.5×11.5 cm)

むかし若人駕馬にてよし原通ひせし頃　所々より大門迄の駄ちん左に挙る如し
これは京伝が著せし奇跡考の一の巻十一段に出せし値段いささか違えりいはゆる大同小異なり
日本橋より二人が馬士　飾白馬　だちん三百五十文　飯田町九段より前の如くだちん右に同じ
浅草御門外より前の如く　だちん弐百七十弐文

○印が大の月で残りが小の月となりますが、この配列の年は四回あります。元文三年、安永三年、宝永七年、そして明治三年。宝永は寅年、あとは午年。絵には馬が描かれていますから午年ですが、十の字が二回使われています。明治三年は小の閏十月があり、小の十月が二回ありましたから、これで決定です。

京伝とあるのは戯作者の山東京伝。京橋に住む伝蔵でしたから、友人が京伝と呼んだのを雅号にしたといいます。彼は月の内の五、六日しか家にいないで、あとは吉原に出入りしていたといい、大田蜀山人や曲亭馬琴と並ぶ江戸時代の天才作家で画家でもありました。彼がすごいのは、遊里で遊びながらも堅実な一町人として死ぬ前日まで仕事をし、財産を傾けなかったこと。なおこの大小の絵師の一蕙斎芳幾《いっけいさいよしいく》は新聞挿画を最初に描いた人で、『東京絵入新聞』というのを自分で創刊して揮毫していました。

図35も同じ作者で、慶応四年戊辰《つちのえたつ》ですから明治元年。傷んでいるのでわかりませんが、小月亭

と小の月を記してあったらしい。福神と竜宮城で、いかにも吉例のお年玉にふさわしいものです。

図36は、弘化三年（一八四六）丙午《ひのえうま》の大小です。

これをじっくり読んで調べて、私はとてもうれしくなりました。愛すべき一枚です。

一見したところ別に面白味はありません。だがこの作者、七十八歳のご老人、楽々菴《あん》さんは来年の暦をまだ手にする前に、善は急げと少し早く作りすぎました。

大船、小船とあり大小はこの舟と波にあります。これが中心で、漢詩や歌は付けたりです。

　ことわざの善は急げと来年の　祝ひをよめば鬼笑ふなり

　　初午が遅いでどこもひごと無事　五こく《穀》ゆたかの御代にあふかな

　　米の船無事にゆきゝの四方のはま　ひのへむまにてくらのいれかへ

　このご老人は毎年こうした大小を作り知人に配るのが楽しみだったのでしょう。ところが今年は少し早く作りすぎました。弘化乙巳《きのとみ》中夏ですから、夏のなかばの五月雨の降る旧暦五月、まだ来年の暦が一般にはどんな大小の月の配列だかわからぬ時期に、鬼に笑われるのを承知で予測して作ったのです。やはり違っていました。閏五月の小はズバリ当ったものの、七月が大で八月が小でした。

当時の七十八歳といえば今と違ってずいぶんのお爺さん、しかも詩や歌から推察すると、町人の

図 35　(16.5×12 cm)

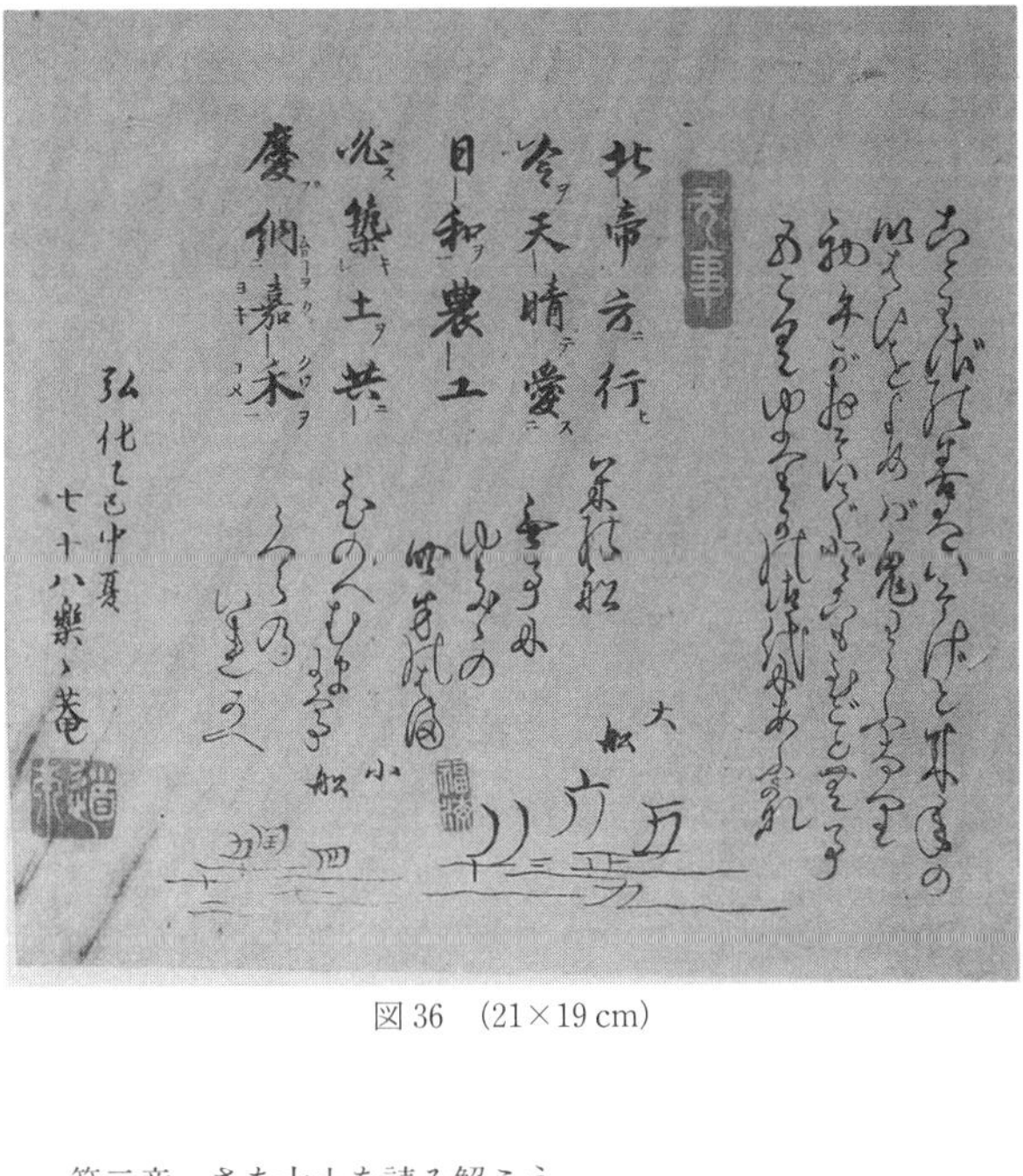

図 36　(21×19 cm)

米屋か、あるいは農民かもしれません。こうした人が楽々菴としゃれこんで、暮の楽しみを待ちかねて、間違っても鬼に笑われるだけと大らかな気持で、しかも世の平和を祈りつつ、こんな文化を楽しみ、一年のお遊びのささやかな喜びにしていたとは感動します。

なお初午が遅いというのは、初午が遅い年は火災が少ないとか、平穏無事な年とかいわれた俗信でした。この年は丙午で俗に嫌われる年回りですが、それを意識してかどうか、人々に希望を与えようとしているのも好もしいかぎりです。

図37は、嘉永元年（一八四八）戊申《つちのえさる》の大小です。

ことしこそ三つのおしへの申の年　きけばきゝすてみるなしやべるな

見猿聞か猿言わ猿、あの両目、両耳、口を両手でふさぐ三匹猿で、サルは打ち消しの助動詞「ざる」に掛けています。

これは完成した大小でなく草稿の肉筆手描き。歌はまあ出来たが、さて絵の方はどうしよう。御幣を持ち碁盤らしいものの上に乗る猿廻しの小猿。この年の大は二、五、七、九、十、十一。小は一、三、四、六、八、十二。小猿に二、三、四、五、六、七、八、十、十一、十二と数字を配しましたが、「どうもむつかしい、多すぎた、しっくりいかない。どうしよう」猿の顔を書き添えてえゝとしましたが未完成。さてどうしようかと考える作者が目にうかびます。

この作者は誰だかわかります。神宮の神主で外宮の権禰宜《ごんねぎ》の松田式部という人です。どうしてわかったかというと、これは「とりまぜ帖」という神宮徴古館所蔵のスクラップブックに貼り込んであり、それが伊勢の大世古町の外宮の御師、松田長大夫の手になるものとわかり、他の雑画や書から幕末の神主で私の百十年も大先輩にあたる人の草稿だとわかったのです。お正月をひかえ忙しい神主がこんな楽しみをしていたのかと、私はうれしくなりました。

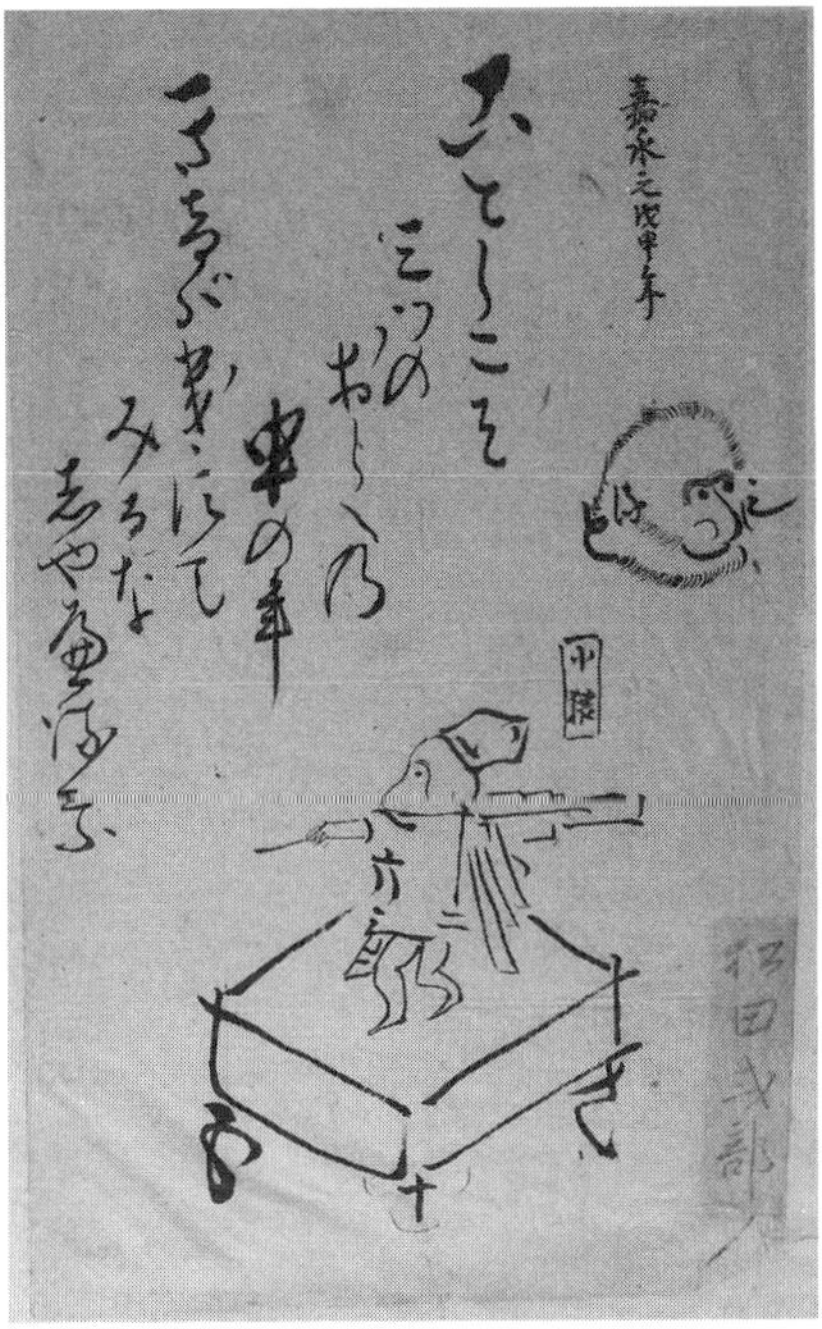

図37　(13×21 cm)

でも少し変です。元年の大小はないと18頁に書きました。嘉永は弘化四年二月二十八日に改元されています。この年号は後で記したのでしょうか。それとも新春の多忙な行事がすぎてから、この大先輩はゆっくりとゲーム的感覚で楽しんだのでしょうか。

第三章 日本人の頓知

大小は絵暦ではない

大小を「絵暦《えごよみ》」という人もあります。浮世絵を扱う人などはそう呼びます。たしかに絵を用いた暦が多いのですが、絵ばかりではありません。歌や俳句、漢詩や連句、落語や随筆の類まで暦に仕立てています。むしろ古い大小は絵より文字や短い文章を用いた覚えやすいフレーズから始まったと思います。

絵暦というと「南部絵暦」といわれる東北地方の田山・盛岡の、江戸時代から伝わる文盲のための独得の絵解き暦である「盲暦」を指します。

大小は、月の大小という社会生活上最低の知識を得るために考え出された必需品が、無味乾燥な数字の配列では面白くないため遊びになったのです。

江戸時代には窮屈な身分制度がありましたが、庶民には遊びごころがありました。

大小が「絵暦」だけでないことを、ひとまずここで知っていただきたいと思います。

図38はいかがです。文政十一年（一八二八）戊子《つちのえね》の大小です。

「大小在字中」とありますから、これをヒントにしてください。

一月から順に十二月まで十二の漢字を並べ、それを意味ある漢詩にして、その一字ずつそれぞれの中に大と小の字があるようにしてあるのです。

「美神嶽という山に煙（烟）がたなびいて細《こまや》かな梅（楳）の花（英）が映《はえ》て鶏（雞）が鳴いている」といったのどかな風景を、それらしい漢詩にした反求老人の力作です。とても現代人には作ることができません。私の大好きな一枚です。

図39は、天保三年（一八三二）壬辰《みずのえたつ》の大小です。名刺大の厚手の和紙に刷ってあります。見ればおわかりの通りです。色は赤と青、よくまとまっています。財布の中へ入れておきたい暦です。

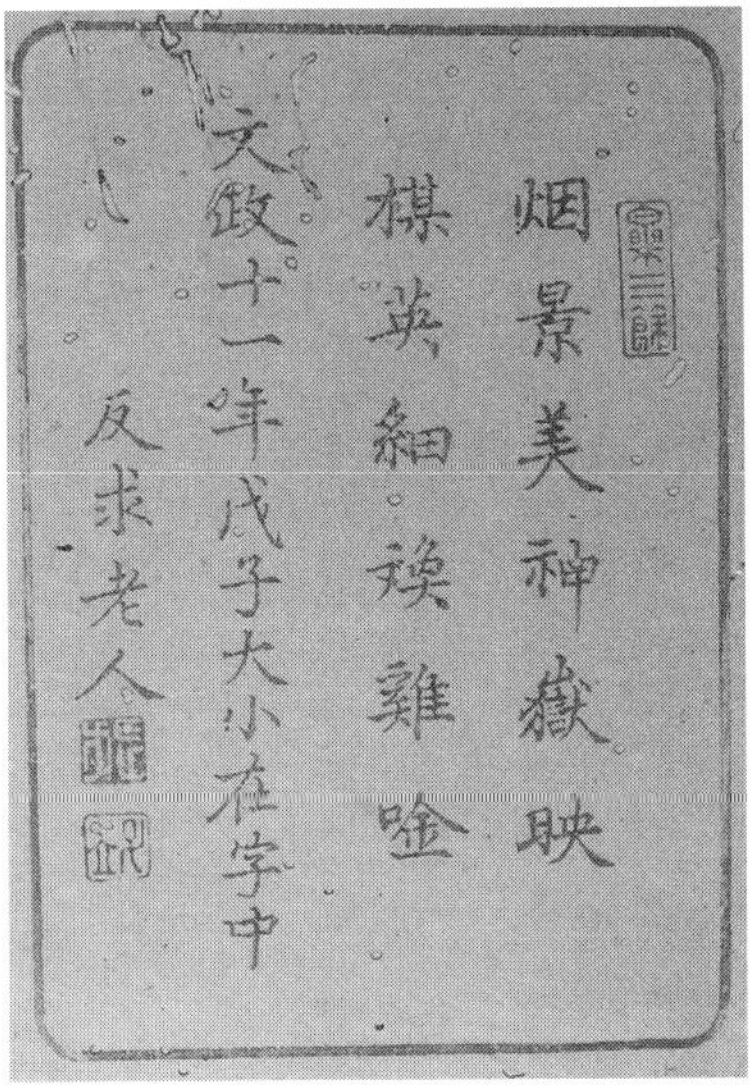

図38　(11×15.5 cm)

図39　(6.3×8.5 cm)

カラー口絵8は、文久三年（一八六三）癸亥《みずのとい》の大小です。青色の縁取りの中に十二の朱印が押されて、それぞれに月の大小とエトが配されています。これはわかりやすい文人好みの実にすっきりとした大小です。

図40は漢詩仕立ての大小です。

我是壺中第二仙　飛楼四面五雲懸　六銖衣薄□残酔　放賚長房下九天

丙寅詩暦小遊仙　　鉄香井澤澄

漢詩の中の数字が小の月を示しています。

サイズは2・7×7・2cmで、図40の写真がほぼ原寸です。管見する大小の最小のものです。二、四、五、六、九が小ですから、慶応二年（一八六六）丙寅《ひのえとら》のものです。

さて、二十七年前にはじめてこれ（図41）を見たとき、私はまさかこれが暦とは思いませんでした。大阪の千里山の竹林寺とありますから、万国博のあった場所の近くにあるお寺でしょうか。この寺院が出した守護ふだになぞらえた、暦らしからぬ暦です。

般若波羅密多経諸災消除修

まったくのお守りふだです。上に書かれた梵字はいかにも梵字らしいのですが、「とらのとし」

を巧みにくずしてあり、左側に「小月无篇祥」、右に「慶応二丙暦」（一八六六）とあるので暦だとわかります。

般若波羅密多……を一字づつ一月から十二月にあてはめて、それぞれの漢字に偏がないのを小の月とします。ですから「般」は一月で大、「若」は二月で小、「波」はサンズイ偏があるから三月で大の月といったあんばいです。

次の二つの大小（図42・43）も同様のアイデアです。

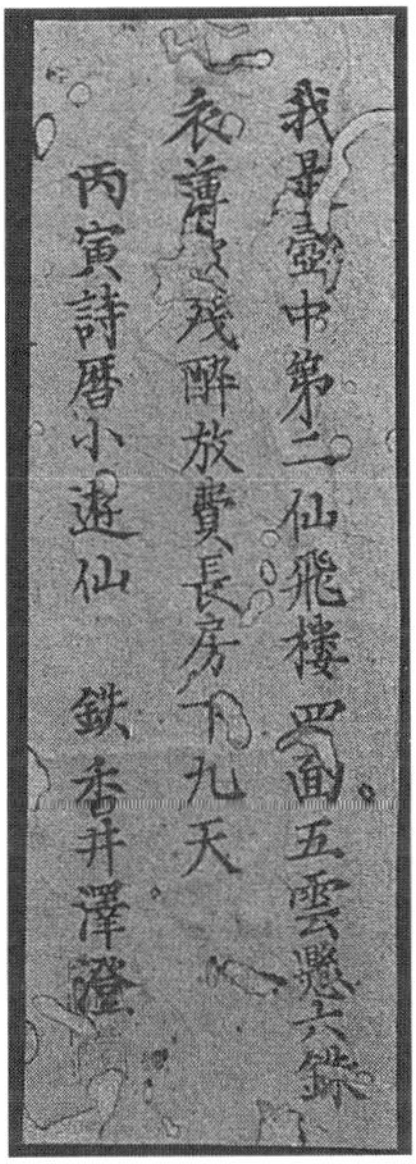

図 40　(2.7×7.2 cm)

図 41　(5 ×24 cm)

奉[1]転[2]読[3]大[4]般[5]若[6]経[7]延[8]命[9]守[10]護[11]処[12]

これは大の月に偏がなく、宝暦八年（一七五八）のものです。

羽黒権現供御神楽　スムハ

大　ニコル小

つまり、

ハ[1]グ[2]ロ[3]ゴ[4]ン[5]ゲ[6]ン[7]グ[8]ゴ[9]カ[10]グ[11]ラ[12]

というわけです。

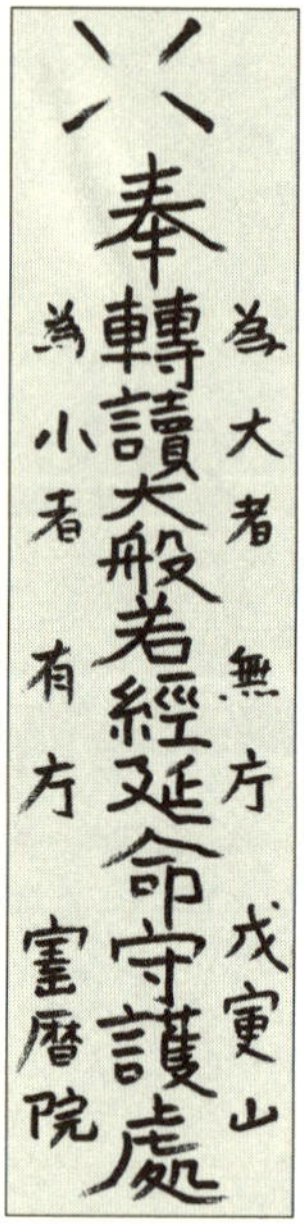

▶図 42　（模写）

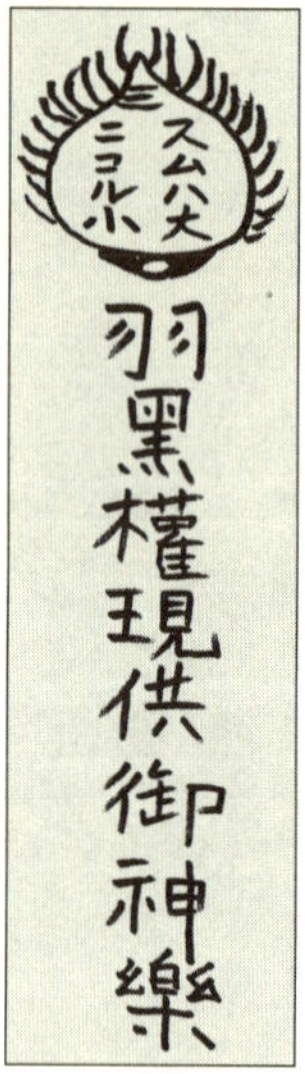

図 43　（模写）

これは宝暦十三年（一七六三）癸《みずのと》未《ひつじ》。本居宣長が松坂で賀茂真淵と一夜の会見をした年です。

さて、俳句の大小では宝井其角《きかく》の大小吟が有名です。

元禄十年（一六九七）丁丑《ひのとうし》

大庭《二》をし《四》ろ《六》くは《八》く《九》霜　師走かな

実にうまく出来ています。俳句は字数が少ないからむつかしいものです。

長谷部言人著『大小暦』によれば、

二きは四の五代そ聞ふ七九さ会　明和七年

十四《とし》五十二《ごとに》不二《ふじ》も七三《なみ》ほのまつかざり　安永二年　鬼谷氏書

小《を》も四六《しろ》や三七十二《みなとに》つゞ九《く》宝船　安永八年　長尾書

があります。

和歌は少々字数が多くなりますから自由が利きます。

小宮にもまづ正面の三四《みし》め縄　ひ六《ろく》七重に餝十《かざるとう》とし　宝暦十年

若水《三》や《八》げに養《四》老《六》の瀧まさ《正》り　汲てだれし《霜》もしわ《極》をうる《閏》ほふ　宝暦十四年（明和元年）
大年の明て若やぐ七五三　民安永二《に》四十よか臘
小正なく後の三年六つの国　八幡太郎納めお九霜　安永二年
もっと古い例では、大田南畝の『一話一言』巻三に出ている享保十二年（一七二七）の大小があります。

玉葉集春の歌　大とも家持

閏正月也

初霞また立そへて三ツの浜いつ《五》を八十の老と極めん

詩花集神祇の歌

二ツ文字し《四》らぬ神代のむ《六》かしより《九》くもらぬ御代とかねてし《七》る霜《十一》

これはうまい。大伴家持として大の月、実におみごと。第二首は小の月を示しますが、七月をしとする無理があります。しかしこれ位はお遊びですから仕方がないでしょう。

図44のように、百人一首の絵柄に似せた大小もあります。寛政五年（一七九三）癸丑《みずのとうし》のものです。

大の月なり

図44

きさらぎ《二》のはるも卯月《四》は水無つき《六》て　し
げる葉月《八》のきく《九》におく霜《十一》

図45は、連句の大小です。
天保三年（一八三二）壬辰《みずのえたつ》

たつ春
1　大よふに鶏《酉》もうたふや今朝の春
2　小枝の梅に文をうり《卯》行
3　大屋敷猿《申》引まいる御祝ひに

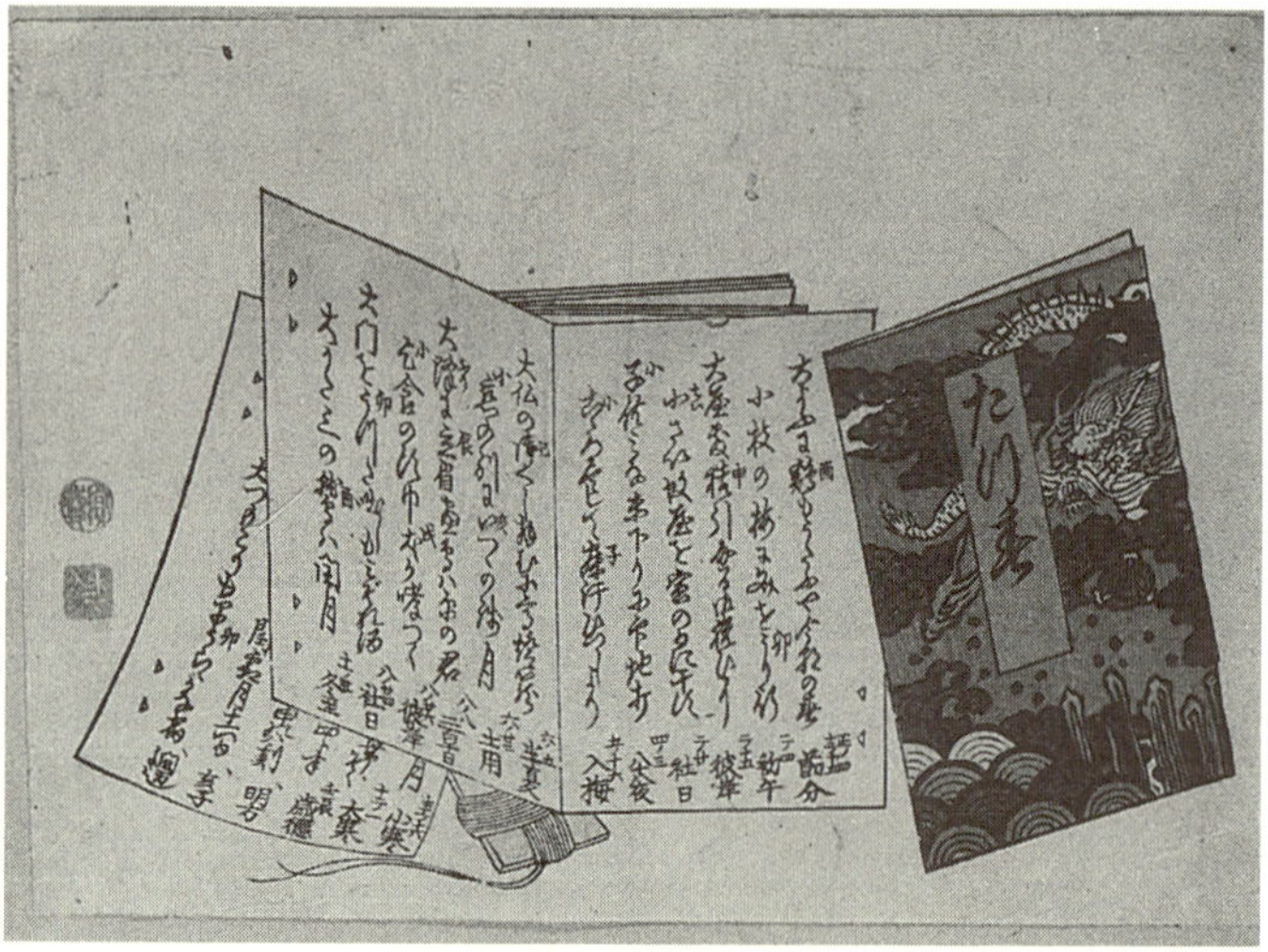

図45　(16×11 cm)

4　小さい蚊屋を寅の日に干す
5　子《小》供みな未下りに印地打
6　こ《小》ころ尽して寝《子》汗びつしより
7　大仏の御《巳》くじ挟むに高燈籠
8　恋《小》の別にい《亥》つか残月
9　大降《ふり》に立《辰》眉とるは原の君
10　乞《小》食の頭巾犬《戌》が哮つく
11　大門をう《卯》つた咄しもみぞれ酒
⑾　大かた三の鷲《酉》は閏月
12　大つもごりも早う《卯》らかな宿

節分、初午、彼岸、社日、八十八夜……と雑節も記されてよく出来ています。五月の印地打は子供らの遊びの石合戦。十一月の霙《みぞれ》酒は麴をそのままみぞれのように浮かべてある奈良の名産の酒です。

図46は、詩暦です。

大門正挿二青松　三四又添翠竹濃　賀客未央已七日　九区親剪帯霜菘

漢詩の中の数字が大の月で、嘉永五年（一八五二）壬子《みずのえね》、作者は善温。コタテと印があります。この人はこれを考えたのは四十九歳の年でした。なぜそんなことがわかるのか、第四章の「年号さがしの面白さ」（110頁）を見てください。

次に漢詩仕立ての大小をいくつか掲げましょう。
まず、図47は、嘉永五年（一八五二）壬子《みずのえね》の大小です。

月渕漁者
閏添二月小留春　五六吟儔文墨親　八尺草廬園十畝　不牽十二百頭塵

図48も、嘉永五年（一八五二）壬子《みずのえね》の大小。

正是二三梅已披　四郡応摘七落奇　春光九十一何好　粧點昇平大雅詩　壬子詩暦月

図49は、安政三年（一八五六）丙辰《ひのえたつ》の大小。

正遭春徳発生新　九佰六街同弄春　麦候八分将到十　四時十二自茲巡大盡　柴門亦有賀人蹤　七
五三縄装二松　父祖芳辰相対酔　凌霜翠竹瑞煙濃小盡　丙辰詩暦　桂舟戯誌

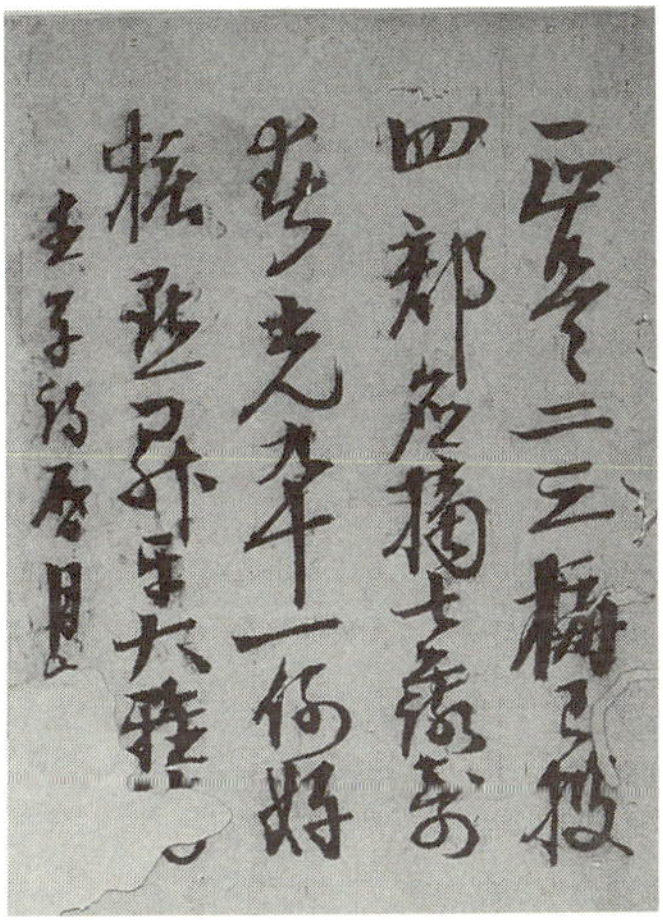

図 48 (23×17.5 cm)

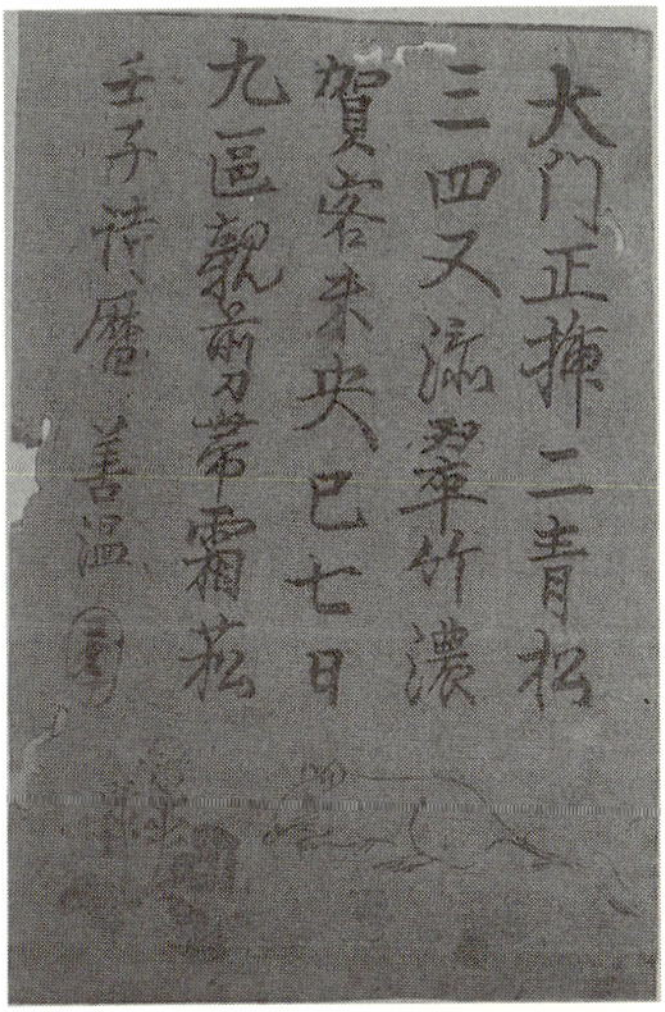

図 46 (9.5×14.5 cm)▲

▶図 47 (4.6×20 cm)

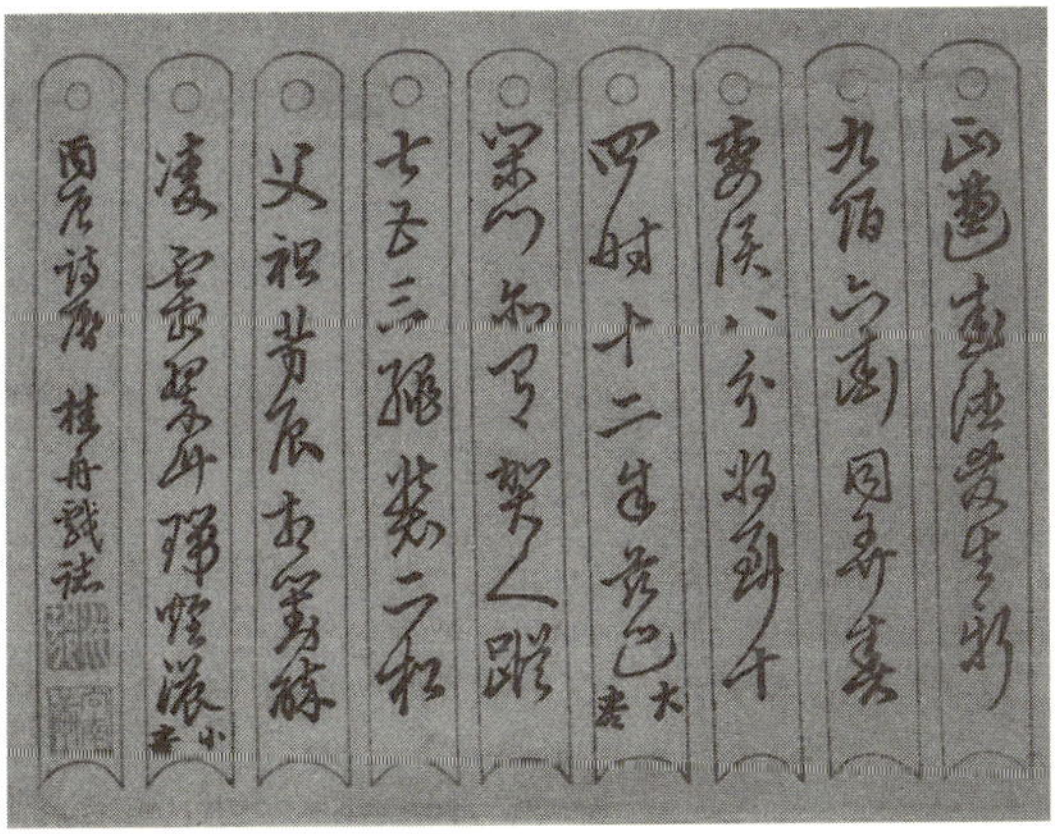

図 49 (14.5×10.5 cm)

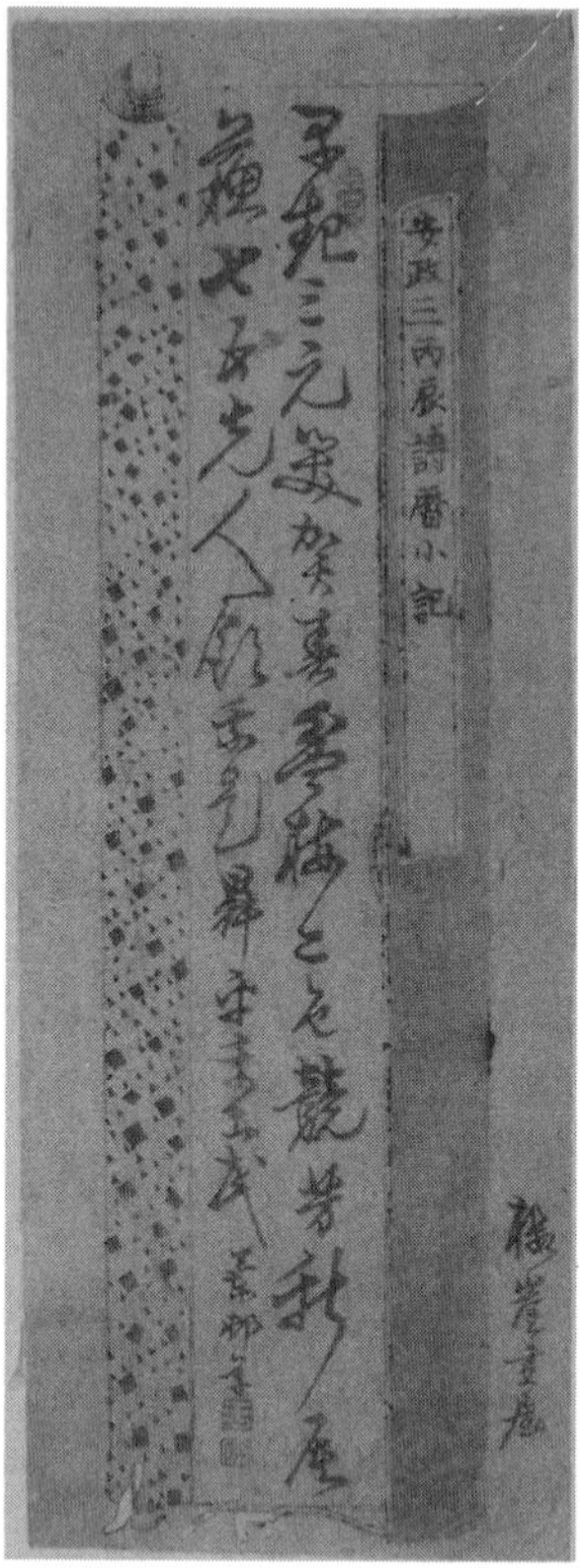

図50　（7×18.5 cm）

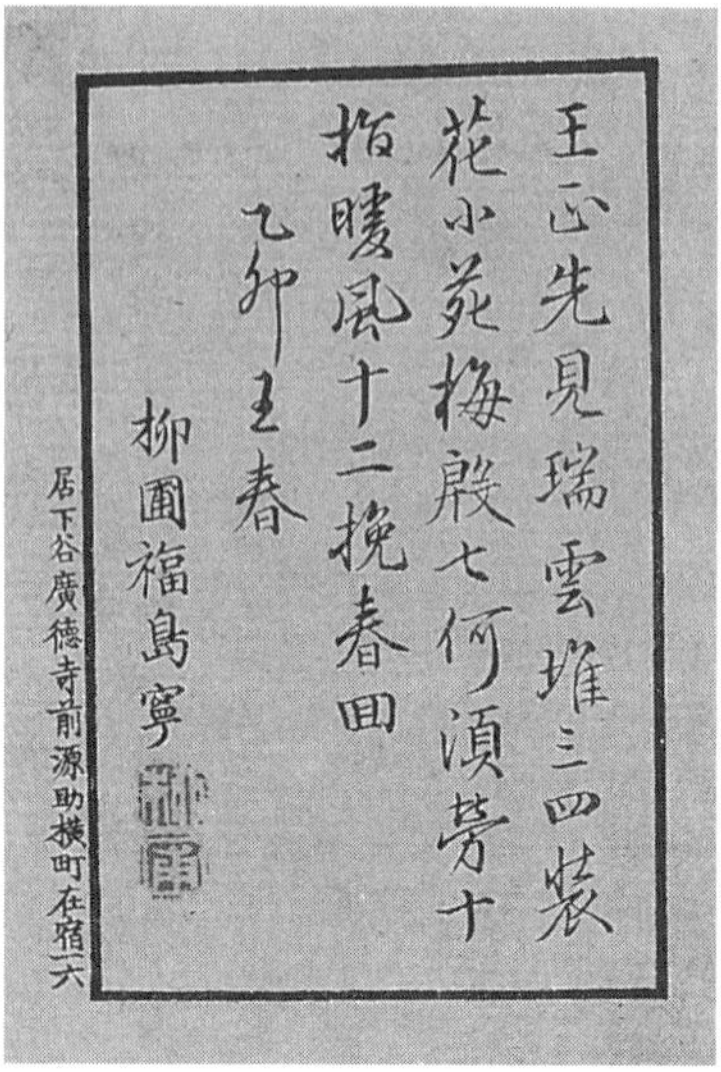

図51　（8.5×12 cm）

図50は、安政三年（一八五六）丙辰《ひのえたつ》の「詩暦小記」というもの。　桜崖書屋

早起三元笑賀春　盆梅二色競芳新　屠蘇七五先人飲　我是昇平未開民

図51は、安政二年（一八五五）乙卯《きのとう》、江戸大地震があった年の漢詩の大小です。

王正先見瑞雲堆　三四装花小苑梅　殷七何須労十指　暖風十二挽春回

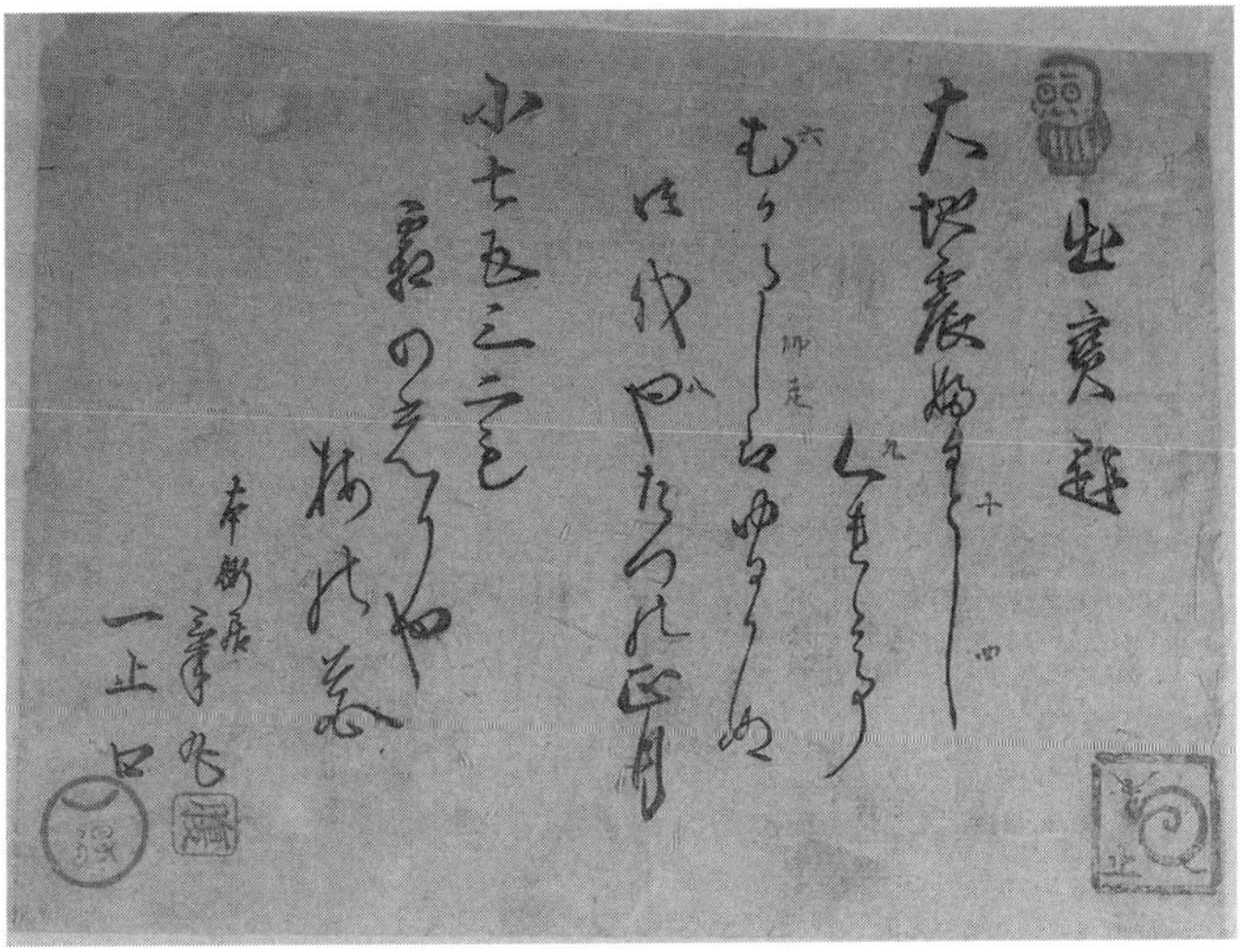

図52　（19×14 cm）

下谷《したや》の広徳寺前の源助横町（東上野四丁目）に住んでいたこの作者、柳圃福島寧さん十月二日の大地震には無事だったでしょうか。町人の死者四千余人、一万四千三百四十六戸焼失、藤田東湖も圧死しています。

図52は、再び和歌仕立てのものです。

出宝題
大地震ふるとし《十四》く《九》れてむ《六》かえしは《師走》　ゆるがぬ御代や《八》たつの正月
小七五三《しめ》二《に》も霜の光りや梅の花
本郷居　歳丸□　一止口

出宝題とは出放題のこと。口にまかせて勝手なことをいう、でまかせ。正月のことゆえ宝とシャレました。

朱印は起上がり小法師。達磨の形で底に重

りを付けた玩具。不倒翁ともいい、倒してもすぐに起き上がるから地震の復興の意です。一止口はひとくちと読むのでしょうか、これをデザインして蝸牛。かたつむりのようにゆっくり、のんびり行きましょうの意。さらに歳丸さんの印は腹を横にする。つまり腹は立てるなの意です。

これは安政大地震のあった翌年の安政三年（一八五六）丙辰《ひのえたつ》のもの。

災難にもめげず明るく生きていこうという江戸っ子の意気を示しています。

この大地震の余燼さめやらぬ中で、江戸の町人は安政三年版の大小を作りました。その一枚に、一見するとまともな柱暦と見えるのですが、内容は暦註用語を巧みにシャレこんだふざけた暦があります。

「安心多家建作易大小」として、発行元は御救小屋浅草広小路幸橋御門外、深川八幡地内深川大工町上野火除地、婦留々屋小和右衛門。

天災ゆりの方、みなみな肝をつぶす。大じやうぶの方、急いで逃げ込べし。けがなく焼けぬ方、無事の安否万よし。たいはん焼けの方、当分の内小屋掛け。きのいいね杉丸太松板。金持倉いたみ損がたつみ凡八百八丁町。〔一部虫喰不明〕三月皆小屋掛を汐干。四月丸焼の人はお釈迦誕生（使えなくなるシャレ）。五月材木の値がおのぼり（端午の幟）。六月施があるともらふ人わいわい天王（物乞）。七月見舞にもらった干物が飯のお菜日（祭日）。九月親類の安否を菊月。

十月夫婦別れをしない者は御命講。十一月振つて土蔵の土をとりの町。十二月普請の金を貸して暮の市。十方にくれ（十方暮）家のつぶれた人、丸焼けの人、役者、たいこもち、芸者衆。日食（毎日の食事の意として）御上のご仁慈で焚出より運ぶ。借せん（はちせんをもじる）今年中はたいてい断り多し。当時流行、諸職人、日傭、鋤、鍬、火事羽織、板囲いなど。暇の方、曲芸、茶の湯、生花、碁、将棋、拳、すべての役者。孝心（庚申）わが身をいとはずして他家を救ふがすべて人の道なりと思ふべし。

そして大経師降屋をもじって江戸中近在婦留々屋小和衛門。これは熨斗《のし》つけておとしだまとして、禁売と明記するが、こんなふざけたのを見咎められると、ふるるや怖えもんというわけです。

図 53

図53は、庚申詩暦とシャレたもの。安政六年（一八五九）己未《つちのとひつじ》の大小で、漢字十二文字（十二ヶ月を表す）の中に大と小がかくれていて、その月が大の月、小の月というわけです。

図54は、慶応元年（一八六五）乙丑《きのとうし》の大小で、これも詩暦。

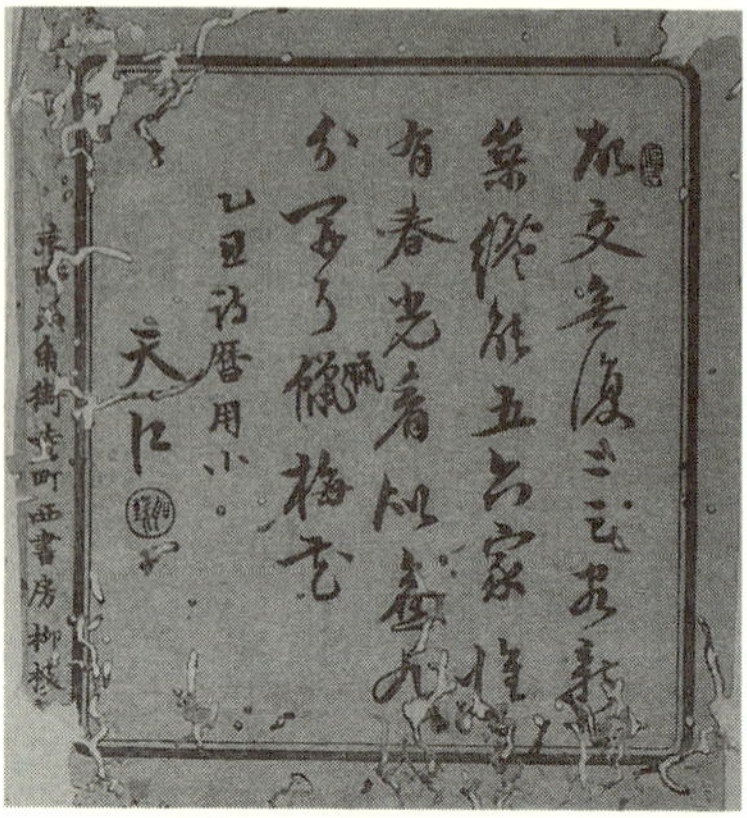

図54　（12×13 cm）

故交無復二三客　新築纔能五六家　惟有春光看似旧
九分開了臘梅花　乙丑詩暦用小　天江（江馬）　京
師八角街幸町西書房柳枝軒

数字が小月。青一色刷で虫喰いで古そうに思えますが、元治二年、改元して慶応元年、京都の人の作です。

最後は図55、安政七（万延元）年（一八六〇）庚申《かのえさる》の大小です。

　正せうの大悦さらに寅しらず
二くまれた小もりあるとき申ぐつわ
三すかみで大じにつつむ丑のつの
壬三《うるみ》でも大でとるとみ未練なり
四んぞうが小つそりされる丑ろどり
五しゆでんは小むすめでさへ午いじり
六りむたい大きなもので亥たくされ
七つぐち小二才までも巳なのぞく

図 55　(19×12 cm)

八なよめが小つぱづかしい戌のおび
九しまでも大なしにして卯れしがり
十こをとり小どもをねかして酉かかり
霜のほう大かゆいとは寅すなぞ
極毛ぶかい大きなまつに申おがせ
ありがたやこころも安きまつりごと　こいのね
がひも庚申どし
安政七申のはつ春

絵は申年にちなむまじめな猿回しですが、文の方は意味深妙な内容で、下がかった言葉の羅列。野暮な解説いたしませんが、おわかりのことと存じます。ただ一つ、極（十二月）の申《さる》おがせは猿麻桛、木に着くとろろ昆布に似た糸状の地衣類で陰毛を連想させたのでしょう。大小の月を知らせる他に、その月の一日のエトを入れてサービスしている好き者のお遊び精神をくみとってあげましょう。

年号さがしを楽しむ

大小には年号を明記するのもあり、十二支だけを文字や絵で示すものがありますが、これらを全く省略したのも多く、まるで判じ物のようです。江戸時代の人々にとってどうということもなかったのでしょうが、現代人には迷惑です。ところが大小愛好者には、年号を推定し、その年がどんな年だったかを想像するのは楽しいゲームのようなものです。

現代ではエトはほとんど年賀状の図柄や新年の飾り物にするだけになってしまいましたが、明治以前の人々は何年と年号をいうよりも何のとしと干支でいう方が便利でわかりやすかったのです。その干支もそのものずばりの動物を描くのではなく、連想させるものを楽しんで選びました。私の歳は寅です。虎ですと張り子の虎、虎御前、虎猫、虎の名がつく動植物や魚類。虎尾桜、虎尾羊歯、虎耳草、トラフグ、トラザメ、トラハゼ、トラフザメ、トラツグミ、……。虎屋の饅頭、虎の巻、酒席の座興の虎拳《けん》、国性爺合戦、和藤内や加藤清正の虎退治、曽我兄弟と虎御前の虎ケ雨や虎石伝説、虎の門、虎の子渡し、さては酩酊してトラになったり、虎刈り頭、阪神タイガース、渥美清の寅さん、トラクター、トランペットとエキストラ。

馬だったら馬を描かず、轡、鞍、鐙、竹馬、桂馬、曲垣《まがき》平九郎、坂本竜馬、弥次馬と画題は際限ないでしょう。

大小の配列さえわかれば年号早見表で機械的に検出できますが、楽しむためにはなるべく表を見るのは後廻しにして、年表片手に自分の知識で調べるとよろしいです。

図56　柳の枝に小の月、正、三、四、六、七、木が十月。馬にその他の数字、二、五、八、九、十一、後足が七にも見えますが、七は枝にありますから十二、これが大の月。すると安政五年（一八五八）戊午《つちのえうま》となります。絵は落合芳幾の子で風俗画を描き大正初年に歿した芳麿の作です。

図57　二《に》小《こ》八《や》かな六十一で四《し》壬四《し》のまへ　ふえにたいこはまごのよろこび

還暦のおじいさん、昔はもうご隠居さん。孫はとてもかわいいものです。嘉永二年（一八四九）乙酉《きのととり》。

図58　人ご《五》と《十二》にかしらも長き寿を　う《閏》るや《八》な《七》に《二》より尊《十》とかりける　小の月

福禄寿は七福神の一神で短身、長頭、鬚が多くて経巻を結びつけた杖を持つ。大の月は絵の中にあり、文久二年（一八六二）壬戌《みずのえいぬ》。

図59　にこやかな顔　年礼の福のかめ

かめは「おかめ」、お多福のこと。これは大小の見本のような作品です。解説すると興醒めです。

図 56　（17×12 cm）

図 57　（14×10.5 cm）

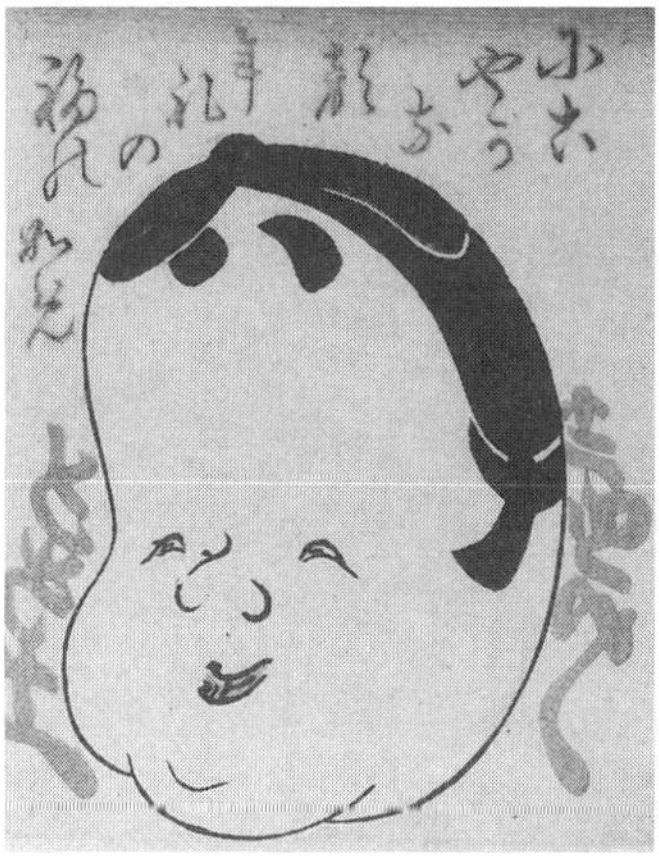

図 59　（9 ×11 cm）

図 58　（8 ×17 cm）

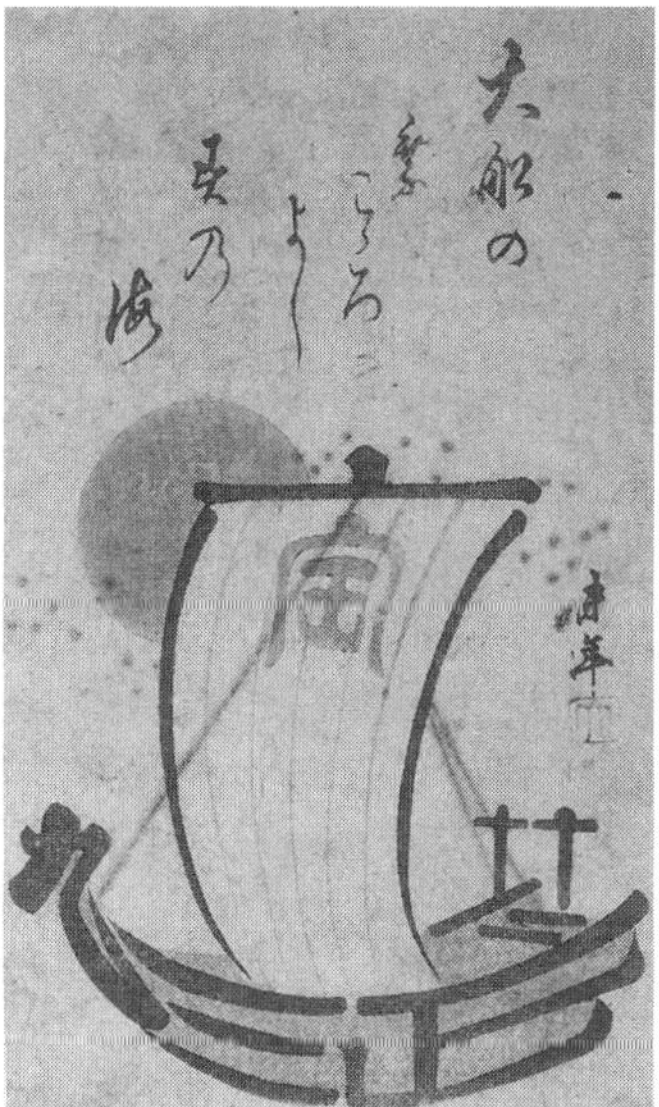

図 60　（9 ×16.5 cm）

じっくり眺め考えて年号早見表を用いて何年と探すと、嘉永三年（一八五〇）庚戌《かのえいぬ》となります。

図60　大船の乗ごゝろよし春の海　未年大

宝船に正、三、六、九、十一、十二。大船だから大の月は簡潔明快。平凡ですがよく出来ています。元禄十三年、宝暦十一年、安政六年が同じ配列ですが、エトが未年ですから、ずばり安政六年（一八五九）己　未《つちのとひつじ》に決まり。

図61　大黒天はイラスト向きで大小に好んで用いられました。一筆書きのような略画は上手です。走り大黒とか出世大国といわれ、大黒ですからもちろん大の月。二と七が細い線でご注意を。天保二年と嘉永四年（一八五一）が当てはまりますが、辛亥《かのとい》とあり後者です。

図62　この出世大国は壬子《みずのえね》、翌年の嘉永五年です。

図63　大の月分

正直に身《二三》を大切に仕《四》やうなら《七》　労《九》もなくらくにし《十一》もははんじやう

小の月分

図 62 （模写）

図 61

図 63 （16×21 cm）

金銀はい《八五》つも程よくうる《閏》ほふに《二》　六十余州ぢう《十二》にめぐりて　一流斎狂筆

大黒天のお使いはネズミ。文の中に大小が配されていますが、念のため絵の中にも入れてあります。これも嘉永五年。

図64　正直のかうべに櫛《二九四》のつやつやと　見し《三十一》もうずめのはやす七くさ　(大)

七草粥にする七草をまな板の上に箸、すりこ木、庖丁、杓子と並べて、吉方に向かって庖丁で、「唐土の鳥と日本の鳥と渡らぬ先に、七草なずな手につみ入れて……」などとはやし歌で叩く正月行事。江戸時代は五節供の一つとしていました。うずめは鈿女《うずめ》、天《あめ》のうずめの命《みこと》で俗にお多福、これが小の月で構成されています。青一色刷で古風にみえますが、嘉永五年（一八五二）でしょう。この年は正月から四月まで連続して大の月という珍しい年でした。

図65　乙巳大小

二ぎわ四や　七九さ祝ふ　五萬歳

春興

舞鶴の齢問ばやまつの花　紫香園　柳川

扇に数字があり、要《かなめ》のところが小となっています。さて年号早見表で調べると貞享二、延享四、

図 64　(17.5×11 cm)

図 65　(13×16 cm)

天明三、天保七、弘化二年とたくさんこの配列の年があります。さてどうしましょう。しかし「乙巳《きのとみ》大小」とありますから決定的で、弘化二年（一八四四）です。

図66　大牛小牛は嘉永六年（一八五三）癸丑《みずのとうし》。

図67　大臼小兎は慶応二年（一八六七）丁卯《ひのとう》。

図68　六つまじくうるほふ子等はよ四《し》よ四《し》と　なすことも七《な》九《く》爪あげま正《せう》

きれいな版画です。龍らしき字に五、二、八、十か十一か、十二ではない、もちろん十三はないですよ。七らしくも見えますが一が余分で、これは大の字。なにしろ龍らしくしなければなりませんから苦心してます。あやふやなら歌を見ること、重複はさせていませんから区別がつきます。よ四よ四と四が二回あるのがミソですよ。これは明治元年、もちろん戊辰《つちのえたつ》で龍の年。二十九日の小の月の四月が二回もありました。

図69のお多福の面と梅の小枝は、万延元年（一八六〇）。

正直《じき》に三《み》な六《む》つまじ九霜《くしも》ぐ〱も　閏《うるほ》ふ三代《みよ》《御》の極目《ごくめ》出たけれ

図 66 （模写）

図 67 （模写）

図 68 （17×12 cm）

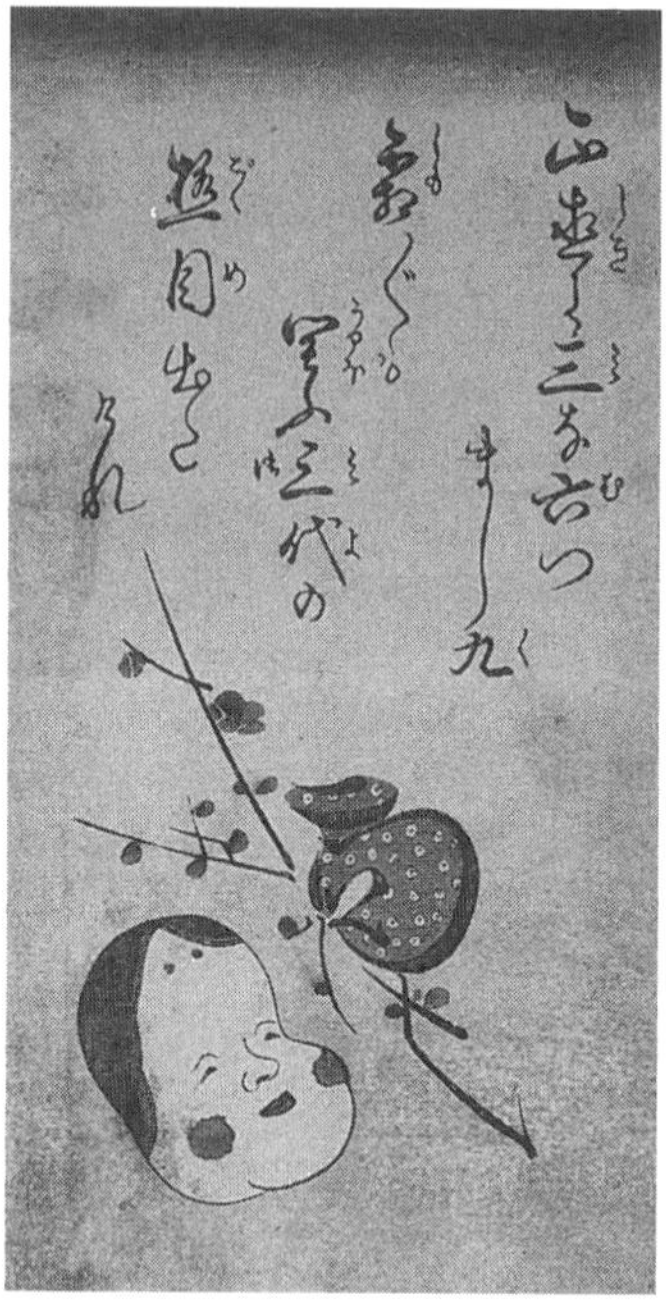

図69　（8 ×16 cm）

図70　（8 ×17 cm）

大の月が一、三、閏三、六、九、十一、十二、小の月が二、四、五、七、八、十。よく似た配列の年に安政六年や元禄十三年、宝暦十一年がありますが、「閏《うるほ》ふ三代《みよ》の」とあり、三月が閏月だと示しているので決定的です。なお版画の彩色や図柄からも幕末のものと見当がつきます。この年、桜田門外の変がありました。

図71　(14×12 cm)

図70は、美しい繭玉の正月飾りと福寿草。

もう解説するまでもないでしょう。大と小を書き取って早見表で調べてください。めんどうですが自分で調べないと楽しみがございません。

図71　こと《小》ゞ《五十》く咲てうつくし《四》梅の花《八七》
福禄寿が弁天さんと初詣。着物に大の月が記されています。もう実用ではなくまったくのお遊びの大小です。年号を調べれば

なるほどと思われるでしょう。明治二年（一八六九）己巳《つちのとみ》。あと四年すると新暦が用いられます。

ちなみに、図70の繭玉と福寿草は、慶応二年（一八六六）でした。

第四章

日本人のクイズ

どうしてこれが暦？

図72　「吉弓」　これだけで大小というのですから驚きです。

どうしてこれが暦でしょう。

長谷部言人著『大小暦』にも書かれている話ですが、貞享年間にある表具屋に大きな文字で「吉弓」と二字だけを記した掛物があり、遊びに来た人々は何の判じ物だろうと考えました。

表具屋の主人が言うには、「よき弓ですからお手前よかるべしと判じます」。一同は「ごもっとも」。次に医者が、「私なら十一は口の灸《きゅう》によいと判じる。なぜなら口中の病は口に十一お灸をすえると快くなるといいまする」。次は農民で、「よき弓なら当たるはずだから、畑のものが豊作だと喜びます」。すると侍が「拙者は刀脇指を持つから大小と判じまする。それは大の字は先ず横に一本引き、小の字はまず縦に棒を引くから、横棒は大、縦棒は小とすると一年の大小となりまする。今年は閏があるから十三画ござる」と言いました。一同は暦と引き合わせると、貞享三年（一六八六）の大小にぴったりだったという、元禄五年（一六九二）の鹿野武左衛門の笑話集『鹿の巻筆』にある話です。

図72
（模写）

鹿野武左衛門は京に露の五郎兵衛、江戸に武左衛門といわれた元禄時代の笑話の名人。室内や戸外で口演し、軽口といわれて大人気、話そのものよりも巧みな話術が大評判だったといいますからタレントの元祖です。

長谷部先生はこれが大小の存在が知られる最古だといわれ、貞享三年は貞享新暦が頒行された翌年だから、改暦という新事件が暦に対する一般の注意を喚起し、ひいては大小の流行を促したのではなかろうかと推考されています。

九月トナ　閏覚よ菊重ね　明和四年

これも大小です。「吉弓」と同じで横の棒を大、縦を小とする。九はノからはじまるから小大小、月が大小大小大大、トナが小大大小ですか。書き順があやふやだと困ります。この年も閏がありましたから、「閏覚よ菊重ね」と九月をダブらすことを教えています。

六十目

これも同様にして明和六年。

さらに凝ったのがあります。「年」という一字だけ。

年　はじめ大のち横小に辰の年

年は六画ですから始め横大縦小にして六月まで進め、七月から後は横小縦大にして十二月まで、すると明和九年となります。面白いですが迷惑なことです。この年は「明和九」を「迷惑」と嫌い、安永と改元しました。

大小とじゅんにかぞへてぼんおどり

踊りというのは再度繰り返すことで、盆の七月の大を繰り返して八月も大とする。正、三、五、七、八、十、十二月が大、二、四、六、九、十一が小で現在の太陽暦と同じになります。これは多分寛政十三年でしょうが、「西向く士《さむらい》」が伝えられなかったらこちらが使われたかもしれません。

『甲子夜話』巻六十一には、文政八年（一八二五）にこんな滑稽なのがあったと記されています。

　大と小打違ひにくさめするハ《八》ック《九》セウ《小》

一月から順に大小大小と続き、八月九月が小と例外だと知らせる頓知です。さらに、「大小を順にかぞへてくさみする」これだけの方が勝れりと書かれています。なるほど嚔《くしゃみ》はハックションですから、「八九小」と記さなくてもわかります。いやまいりました。

後で書きますが明和二年に「大小の会」というのがあり、いわば大小のコンクールがなされました。そこではどんなのが優勝したか不明ですが、もし私が審査員だったら次のをアイデア賞の第一位としたいものです。

図73　安永六年（一七七七）丁酉《ひのととり》のミミズクの図です。

　みみづくの右の羽より右へくり　短かきほうを見て小と知れ

江戸の雑司ヶ谷、鬼子母神の郷土玩具、すすきみみずくです。これは東京国立博物館のコレクションで作者不詳ですが、おみごとです。

図 73 （模写）

図 74 （9×17 cm）

その気になればどんな物でも大小に作れます。明和二年には象の図の大小ができました。象の体の皺や背中の掛布が大小の数字になっているのです。大判小判、大人と子供、大小の宝珠や瓢箪、花と蕾、飛ぶ鳥の列の大小、稲荷神社の鳥居の大小の列、草木や帆柱の長短、いろいろなアイデアがなされています。東京国立博物館蔵の歌麿画の寛政六年版は、子供がしゃぼん玉を吹き、十二個のしゃぼん玉の大小がそのまま月の大小となっています。

図74 障子に映した牛の影絵です。ローソクやランプや白熱灯だった時代は、手で狐や犬や兎、蟹などの影を作って遊んだものです。貴方にも思い出がおありでしょう。

傷んでいますが、「大指と小指をあげて牛の顔　大からよみておどる弥生」と判読できます。

このように大指と小指で牛の角に見せた影絵の作品は、長谷部言人著『大小暦』にも紹介されています。豊年稲村の作で、「うしの角八九とさしておどるなり順にかぞへる小ゆび大指」。左手の小指と親指を立てて、中の三指を折って牛の顔にします。右手で小指が一月、二月が大指と順に数えて、八と九は大指を二度数えます。

おどるとは再度くりかえす、つまり大大と続けることです。

小大小大小大小大大大小　大　小

一二三四五六七八九十十一十二

この配列は寛政五年（一七九三）癸丑《みずのとうし》となります。同年に桃栗山人柿発斎（焉馬）の作で、「小大と丑のつのもじいせをんど二度の月見の大おどりかな」。これも伊勢音頭のおどりで、月見の九月をくりかえすことをいってます。

これをヒントにして障子の影絵、大から読んで三月（弥生）をおどらせて小としますと、

大小小大大小大小大小大　小　大

一二三四五六七八九十十一十二

ところがこんな配列ありません。丑年で大が一、四、六というのはなく、弥生の前にある字が消えているので私にはモウ手が出ません。これを現在の西向くサムライの暦に応用すれば、

大小大小大小大大小大　小　大
一二三四五六七八九十十一十二
牛の角　大からよみて盆踊り

とすればよろしい。お盆の八月に盆踊りをさせて、七、八月を大大とすればよいですが、今さら二番煎じどころか出涸らしもいいところです。

図75

図75　天明三年（一七八三）癸卯《みずのとう》は兎の影絵で、障子（小）の腰板の木目で小の月を示しています。

図76

図77

図76・77　これは司馬江漢の大小とその拡大したサインです。なんと「江漢」の署名の中に大、正、三、五、八、十、十二と、天明八年の大の月の文字が入っているのです。

図78は幾何の大小です。実物は東京国立博物館蔵で作者は不詳、年代は寛政八年（一七九六）丙《ひのえ》辰《たつ》。さてどう解読するのでしょう。

斜線の通過する区画が小の月に当たります（図79）。この方法を応用すると明和四年は図80のようになります。現代版を考えてみますと、トンネルをくぐらせないとできませんでした（図81）。

図82は、安政六年（一八五九）己未《つちのとひつじ》の大小。

大鐔に「御太刀甲冑刀劔修復　安政六　大」。透彫りの小鐔に「二四五七八十　未年作」、そして茎《なかご》櫃孔、小柄櫃孔、笄櫃孔で小を示す。

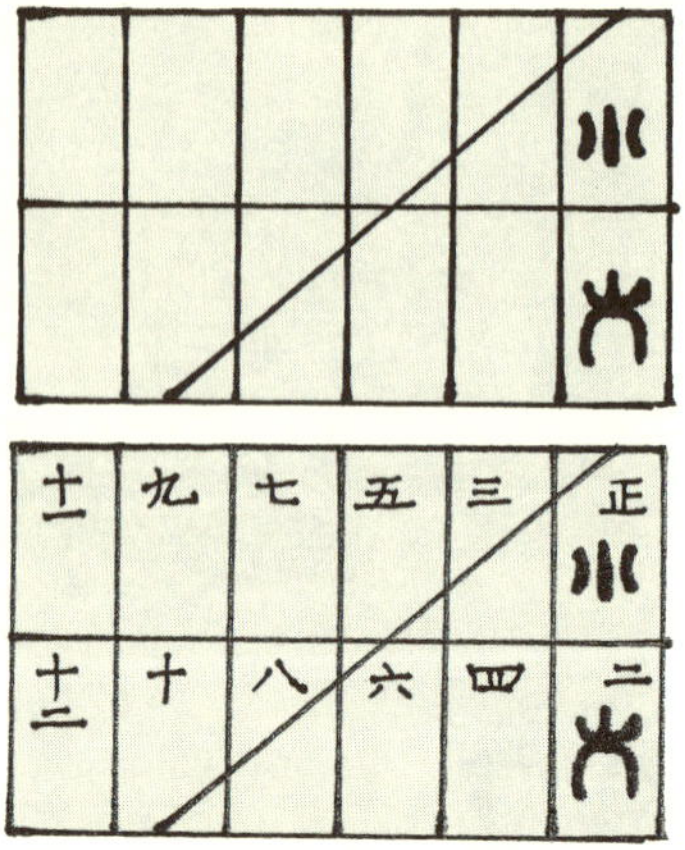

図78（上・模写）とその答え図79（下）

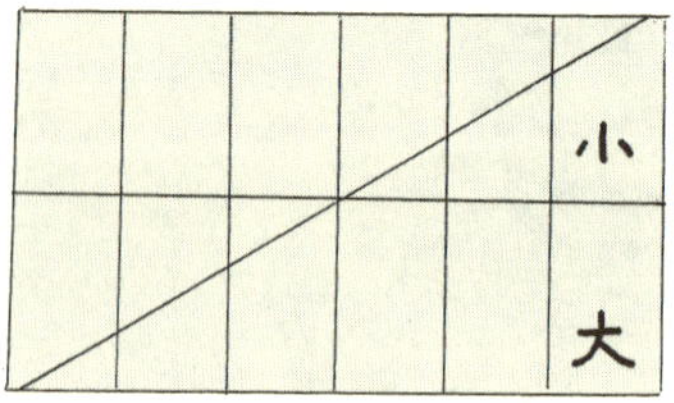

図80

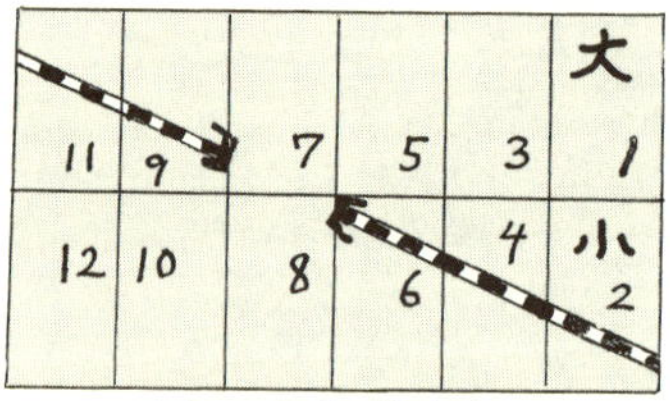

図81　現代（筆者作）

初恵《正》び寿　汐干　祇園会《六》　菊《九》の雛《二》　神《十一》楽いさめて皆年参り　山田屋□右ェ門

武具修理屋の引札（ちらし）にしてあるのですが、十二が示されていません。どうも汐干があやしい。汐は朝の潮に対して夕の海水。汐干狩《しほひがり》なら三月がシーズンですが雛があります。しおほす、しほすといっていて師走ではないかと考えましたが違いました。年参りは大晦日の夜が多く十二月。神楽いさめては諫言、禁止の意ではなく勇めてでしょう。元気づけることです。

図 82　(13×13 cm)

図83は、文久元年（一八六一）辛酉《かのととり》のもの。

有名な京都の竜安寺の蹲踞《つくばい》「吾唯知足」の図。つくばいは茶庭に据える手水鉢《ちょうずばち》。茶室では心身の塵を払うものとして重視します。天海僧正は、「事足《た》れば足るにまかせて事足らず足らで事足る身こそ安けれ」と詠じ、老子も「足るを知る者は富む」といっています。足ることを知るとは、不満を捨て満足することを知ること。この蹲踞のデザインは四字共に口という字を共有させたところが実にすごい。唯はもっぱらともよみます。

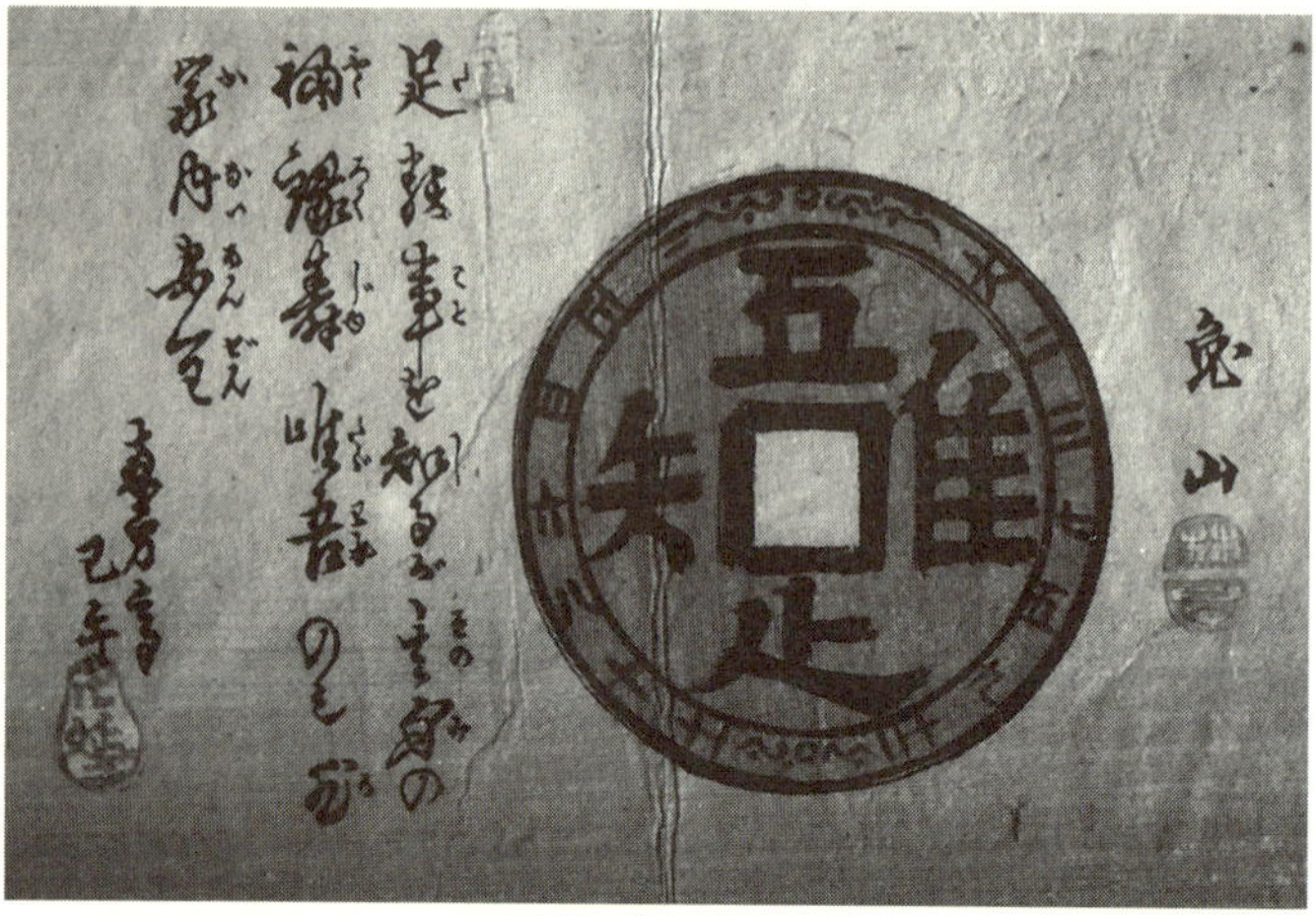

図 83　(14×9 cm)

足《た》る事を知るが其身《そのみ》の福禄寿《ふくろくじゅ》　唯吾《ただわれ》のみ可家《かか》
内安全《ないあんぜん》　恵方亭　己午印　兎山印

印は「卍延二」と「林呂」、卍延二は万延二年をもじったもの。万延二年は二月十九日に文久元年と改元されています。

カラー口絵9は、「伊勢の国新渡《しんわた》り略暦鳥、一名大小鳥」という大小です。

此鳥《この》　卯《う》の歳正月元旦あきの方巳午《みむま》の間に渡りそめ御師鳥《をしどり》を友とし国中《こくちう》を徘徊す。年中《ねんぢう》の時候《じこふ》をよくしるが故《ゆへ》に貴賤《きせん》ともに餌置《かいをき》て其徳《そのとく》おゝい也《なり》　賣買舎不許丸作

十二支すべての動物を合成した怪鳥が吉祥の桃の実を持つ。御師《おし》とは伊勢の神職で全国へおふだ配りをした人で、鴛鴦《おしどり》とかけてあります。

天保二年（一八三一）辛卯《かのとう》のものです。売買舎

不許丸を号とし豊年と鳴くなどなかなか工夫をこらし、暦註もくわしくよく出来ています。どの動物がどの部分に合成されているのか見つけるのも楽しいです。

図84は、安政三年（一八五六）丙辰《ひのえたつ》の大小。

まづごきげんでむつまじく

神ほとけねがふこころがまことなら　わるいことすな

口も手もからだも足もぜにかねも　はたらかすべし人のためには

教訓歌はつけたりで、「ま①づ②ご③き④げ⑤ん⑥で⑦む⑧つ⑨ま⑩じ⑪く⑫」が大小です。濁る音の字が小の月。

同様のものに、

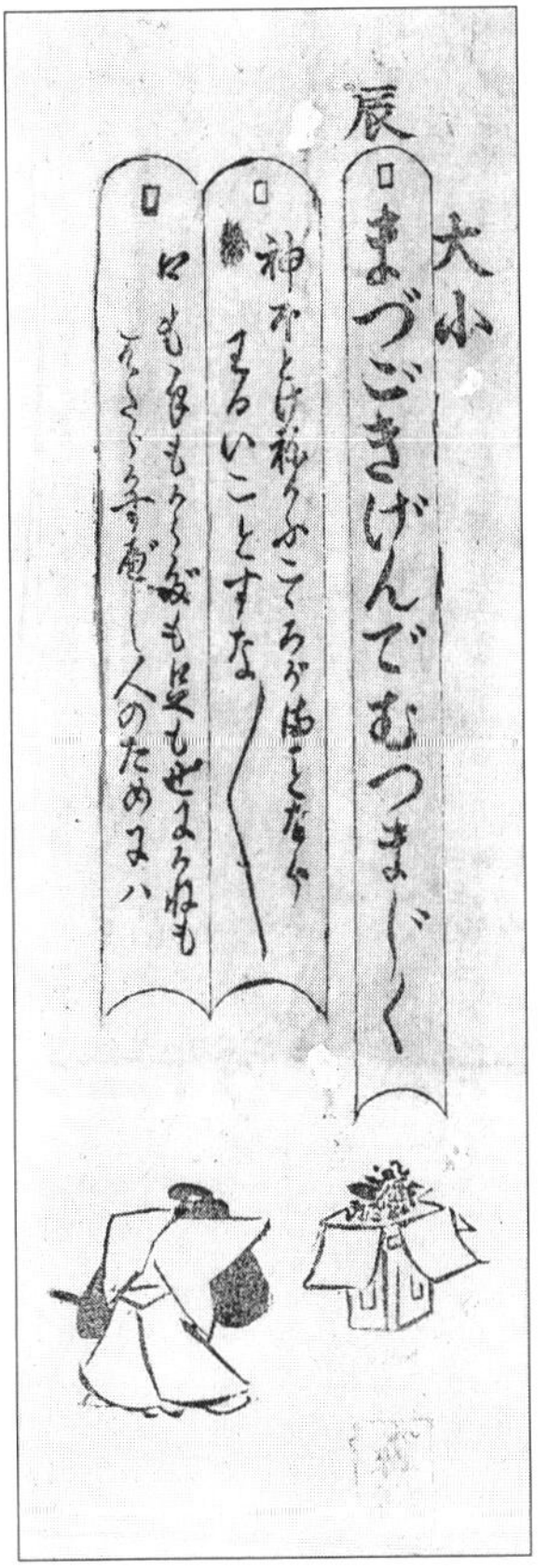

図84　(8×20 cm)

ぜにができだすごはんじやう　安政四年
これは「にごり小」とあります。字の清濁で大小にするのは多い。
ジノニゴルハダイデゴザル　安永六年
ヂイバゞマヅマゴヲダイジ　寛政三年
にごらぬがすべてだいだよ　同
かどまつがみどりじゃぞえ　同
ふくじんしごくごきげんで　大はすむ　文化六年
すむじがだいでおさだまり　文政五年
少々手のこんだものに「にごらぬかな大」として、
ずいぶんだいじみもだいじ
だんじうがこでおやがえび
ばんじめぐみでかせぐ世ぞ
これはいせのふるいちにて　寛政五年
私の住む隣の町は伊勢の古市といわれ、江戸時代は日本三大遊郭の一つとも称され、お伊勢参りの客で賑わっていました。この作者は古市に逗留中に頭をひねったのでしょうか。
寛政六年（一七九四）には、「此《この》大小ほしいといふおんかたには」と記し、

ばいばいせずただでだすぞ○へ
濁る字が大で十一月は閏でした。よく知られているのは、「大字のねがひかなは小（大事の願い適わせましょう）」（漢字は大、かなは小、の意）として、このフレーズはよく使われました。

恵ほうらなみ乗船の福寿哉　明和五年
大喜に尾せ和ちや出も上れ　安永九年

というのもあります。

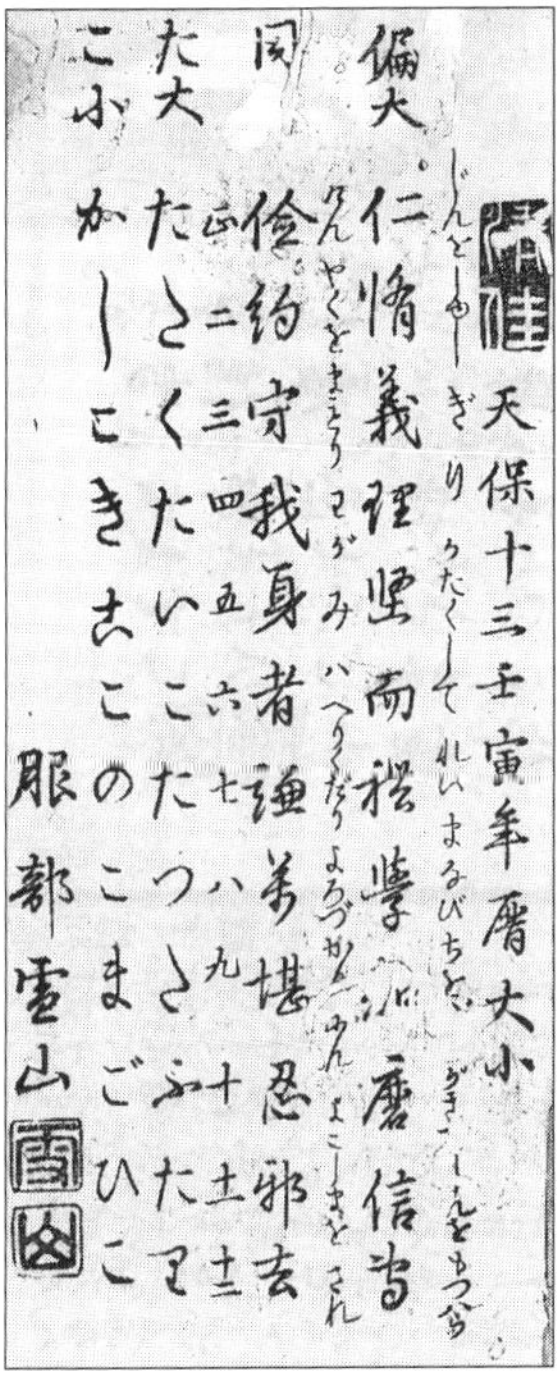
図85　(8×19 cm)

図85は、天保十三年（一八四二）の壬寅《みずのえとら》の大小です。

偏大　仁《じんを》脩《しゆし》義《ぎ》理《り》堅《かたく》而《して》礼《れい》学《まなび》知《ちを》磨《みがきて》信《しんを》専《もっぱら》

同　倹《けん》約《やくを》守《まもり》我《わが》身《み》者《は》
謙《へりくだり》萬《よろづ》堪《かん》忍《にん》邪《よこしまを》去《され》
た大　た《正》た《二》く《三》た《四》い《五》こ《六》た《七》つ《八》
た《九》ふ《十》た《十一》り《十二》
こ小　かしこきこのこ
まごひこ

偏のある漢字が大の月、た

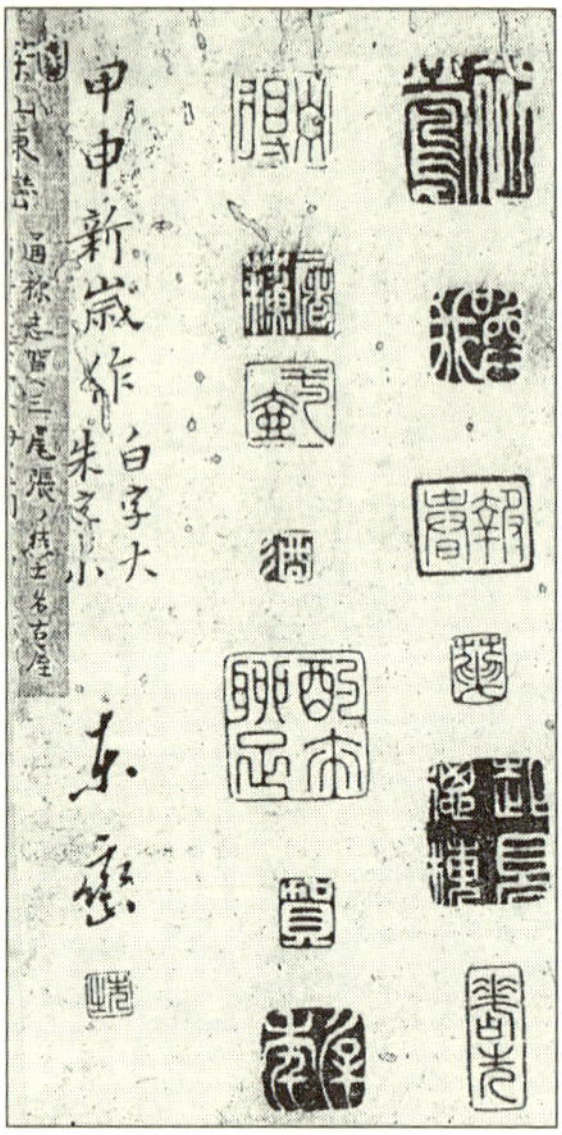

図86　(9×19 cm)

の字が大、この字が小というわけです。

最後は図86の大小、印の白字「款《かん》」が大で朱字の「識」が小です。

尾張藩士の柴山東巒、通称を志賀三という人の作。この人は名古屋の前津に住み、山本梅逸という画家の門人で四君子を描くのを得意としました。

この年は閏月があり十三個を押します。これなら印鑑さえたくさんあれば毎年苦労をすることなくポンポンと出来ます。文政七年（一八二四）甲申《きのえさる》の作です。

このように、大小はまさに日本人の頭の体操、クイズでありました。

年号さがしの面白さ

それでは年号さがしの面白いけれど難しい大小を読み解きましょう。初めは図87の大小です。

申の歳　春興

大声でうたひたてたる万歳《まんざい》の　小《こ》とばにあいをはやす才蔵《さいぞう》

図87　（16×12 cm）

のどかな春の川を舟で渡る万歳師二人が掛合をする。万歳は正月の門付《かどづけ》祝福芸で、太夫と才蔵の二人一組。太夫は烏帽子に素袍で扇を持つ。太夫ですから大の月を示す大紋がつき、大の月で構成されています。才蔵は袋を背負い鼓を持ちますが、休んでいる図ですから持ち物は見えず、小の月で構成されています。

　万歳の起源は一説には奈良時代の宮中正月節会の「万年《まんねん》阿良礼《あられ》」と囃した踏歌にあるとされ、平安時代には「千秋《せんず》万歳《まんざい》之《の》酒禱《さかほかい》」と演じられ、大和万歳をはじめ各地にありましたが、徳川時代には愛知県尾西市と安城市の三河万歳が徳川家の優遇を受けていました。図は江戸川堤でしょうか。関東を持場としたのは三河万歳でした。現代の寄席演芸の漫才はこれがもとになっていて、昭和の初めまで万歳と書いていましたが、昭和五年（一九三〇）に漫才となったとか。

実はこの大小は数字が読み解き難く、大が一、三、六、九、十、十二らしい。ところがこの配列は元禄三年と宝暦二年しかないのです。しかも「申の歳春興」と記されています。申歳となると宝暦二年（一七五二）しかない、だがそれでは古すぎます。私は、色彩が美しく洗練されているのではじめから幕末のものと見て調べはじめました。

大小は貞享の頃から始まると見て、宝暦だと約六十年位しかたっていない頃の古いものです。当時は錦絵といわれた版画技術は進歩し、俳諧や戯作を楽しむ人は多く、余裕のある人は専門の版画家に彫らしたから名品が生まれていたのですが、これはどう見てもそんなに古くありません。

江戸中期に老人が自分のこれまで見聞した風俗世相の変遷を随筆にしたためることが流行し、横井也有はそれを茶化して「浦島太郎兵衛昔物語」といっていますが、その内の一つ『飛鳥川』の続篇に、「宝暦の頃、大小はやり、みごとなる絵の摺物出る。それより役者絵そのほかともみごとになる。元は大小よりのこと也」とある。これを記した人は不明とされていましたが、森銑三先生が柴村源左衛門、名は盛方だとつきとめられています（『森銑三著作集II』）。

大小の絵がそれほど江戸の浮世絵の発展に貢献したとも思えないのですが、好事家からの毎年の注文があり、画家や彫師にも刺激を与えたことはあるでしょう。

東京国立博物館にも明和二年以前の大小はないそうですし、長谷部満彦氏のコレクションでも宝暦四年が最古だそうですから、もしかすればと淡い期待を持ちもう一度じっくり調べなおしますと、画家のサインと落款が図28（43頁）の万亭応賀の絵風鐔と同じです。すると百年以上新しくなり、その頃の申歳は万延元年（一八六〇）。図28の大小の鍔は文久元年ですからその翌年の作。このように、うっかりするととんでもないミスが生じます。万延も似た配列ですが三月に閏があり、才蔵の言葉（小とば）が川風に流されて読み解けませんでした。年号判定は総合的知識が必要となります。

カラー口絵10と図88・89はいずれも万亭応賀の作です。まず口絵10から。

歳暮
晩《ばん》に質口説要用情一盃《しちくどくえうようせいいっぱい》
どふかかうがな　してくれる年
歳旦
たのんます　どうれ　どなたぢや　わたくしさ　おやくこれは　はやい御年始《ごねんし》　万亭応賀

男の丁髷《ちょんまげ》に大の字、女の髷に小、数字を探してください（以下、答はまとめて114頁）。
次の図88は、

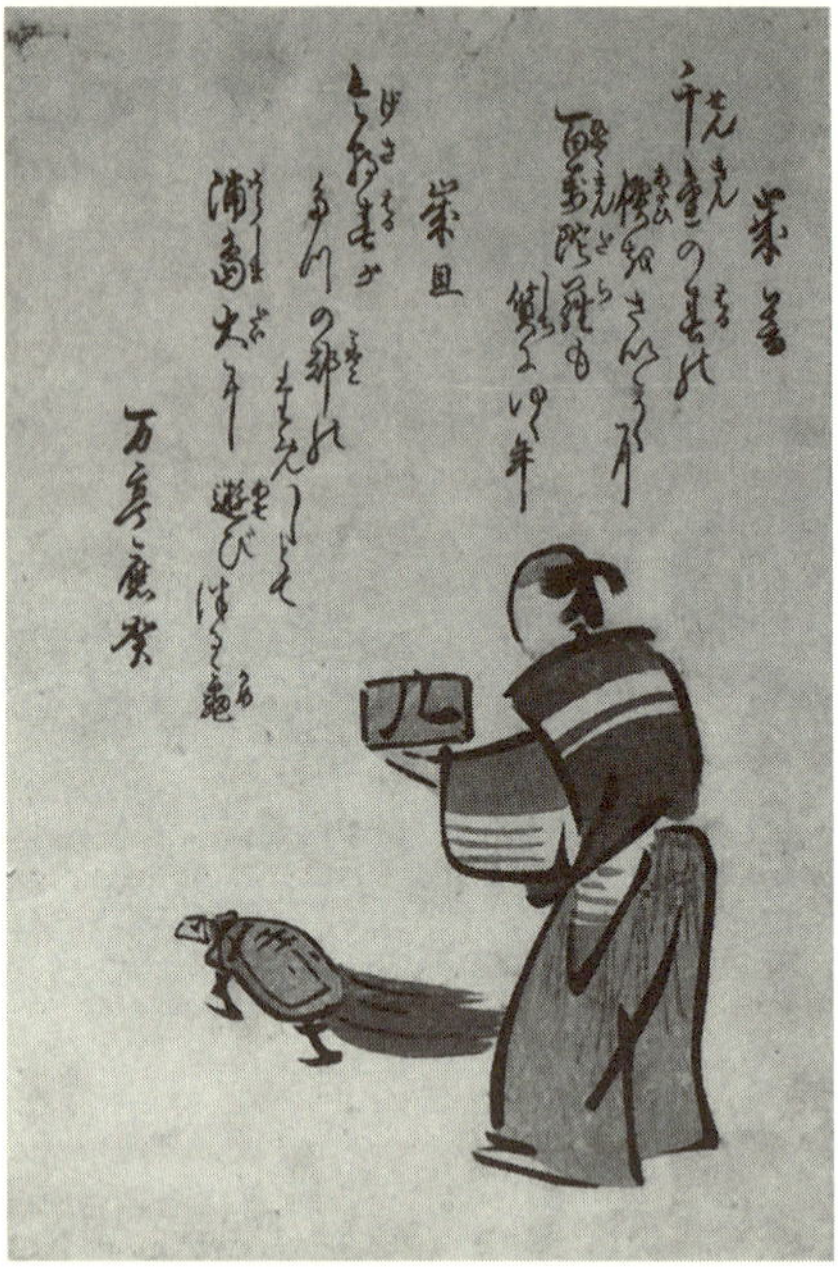

図88　(12×18 cm)

歳暮
千金《せんきん》の春《はる》の価《あたひ》をさいかく（才覚・計画・工面）に　百万《ひゃくまん》陀《だ》羅《ら》も質《しち》にゆく年

歳旦
今朝《けさ》春《はる》がたつの都《みやこ》のためしとて　浦島大《うらしまだい》に遊びつる亀《かめ》
万亭応賀

浦島大に……とありますから、大の月が玉手箱を持つ浦島太郎とわかります。これも髷が大になっています。玉手箱が四、手が二、衣服に六、七、八、十、十二と見え、亀が小の月。亀の頭が正、尾が三、首が五、足が九と十一、背に閏七。欲を言えば浦島さんには釣り道具を配してほしかったです。

最後にもう一枚、図89の作品。

歳暮
人は武士《ぶし》花《はな》はこれでもさくらかと　年のうちより名《な》乗《の》る鎗梅《やりうめ》

歳旦

傘おろしやあめのよこつら春風《はるかぜ》が　はりとばしてぞ手《て》さへぬらさず　万亭応賀誌

万亭さんはよほど金に困っていたのか質屋のことばかり。質屋は当時の庶民の金融機関。だが預けに行くのではない。借金の抵当を持って借りに行くのです。しかも百万陀羅のように何度も何度も繰り返してですから、めでたい年ではない。この年はペリー再び神奈川沖へ、そして日米和親条約調印、大火や地震もあり、実に大変な世でしたから、おのずと春を寿ぐ歌もしめっぽくなります。しかし万亭さん、めでたく遊ぶ鶴亀と賀して応じてくれたのが救いです。鎗梅とは梅の一品種。万亭応賀は卍亭の号もある戯作者で、先にも出てきました。さて、巻末の「大小年号早見表」を使い何年のものか調べてください。

図89　(12×17 cm)

図90は俳句仕立てです。

図 90　(11.5×12.5 cm)

若餅や羽をりかけたる松の枝　鳩峯

この句はどういうことはありません。玉石子さんのアイデアは「六十一二貫目　小ノ月」とある力石。四を縦に用いて「貫」の字の中に閏四と八を含めているのに注目してください。

力石とは、神社の境内などに置かれて力くらべや力持ちが記念のために奉納した石。江戸末期から明治初年に特に江戸を中心とする関東に多い。作者の号のように卵形が多く、これを持ち上げた者の姓名と重量を刻してある場合もあります。中には鬼や弁慶が高々と持ち上げたという伝説のものもあります。四十貫、五十、八十、三百貫というのもあります。村の若者組が力比べをしたのでしょう。ただし刻銘された実量は二割ほど加算してあるそうです。またこれは石神の信仰にもつながり、石の持つ呪力を信じ重軽石（おもかるさん）といって石を持ち上げてみて、日によって重さを感じることで吉凶を占う石占《いしうら》にも用いました。このことは『万葉集』巻三や伴信友の『正卜考』にでてきます。では、いつの大小でしょうか。

図91は、名古屋の「風流長崎甘露飴七味入」の広告大小です。いつのものでしょうか。

図92は、漢詩の「字中含大小画、壬子春、龍眠」という大小です。黄色の台紙に黒字と赤い印。豊作を祝うめでたい詩で、みごとな書体です。一見してわかりやすそうですが、ちょっとひっかけてありますよ。さてわかりますか。

図93も俳句仕立てです。

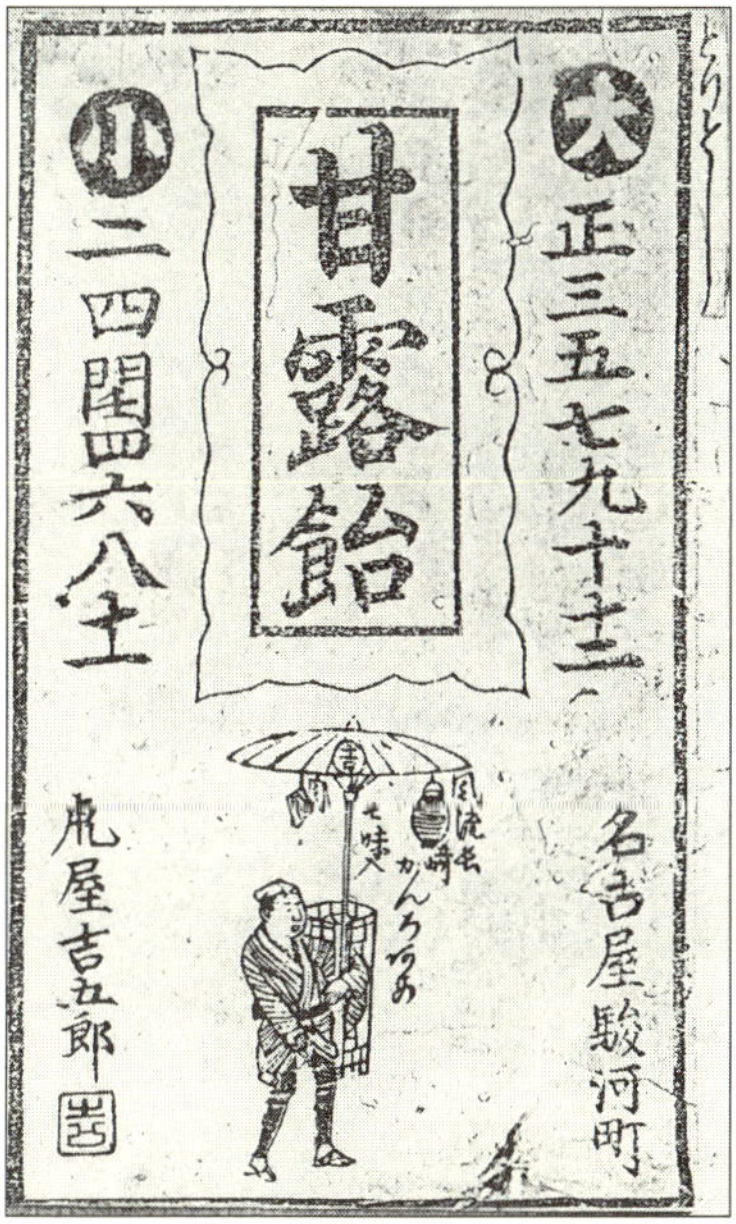

図91 (7.5×13.5 cm)

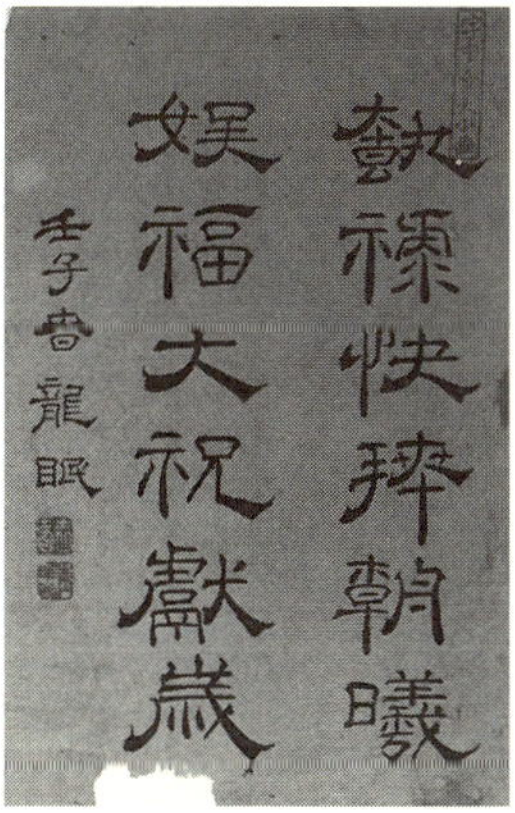

図92 (11.5×17.5 cm)

図 93 (18×12 cm)

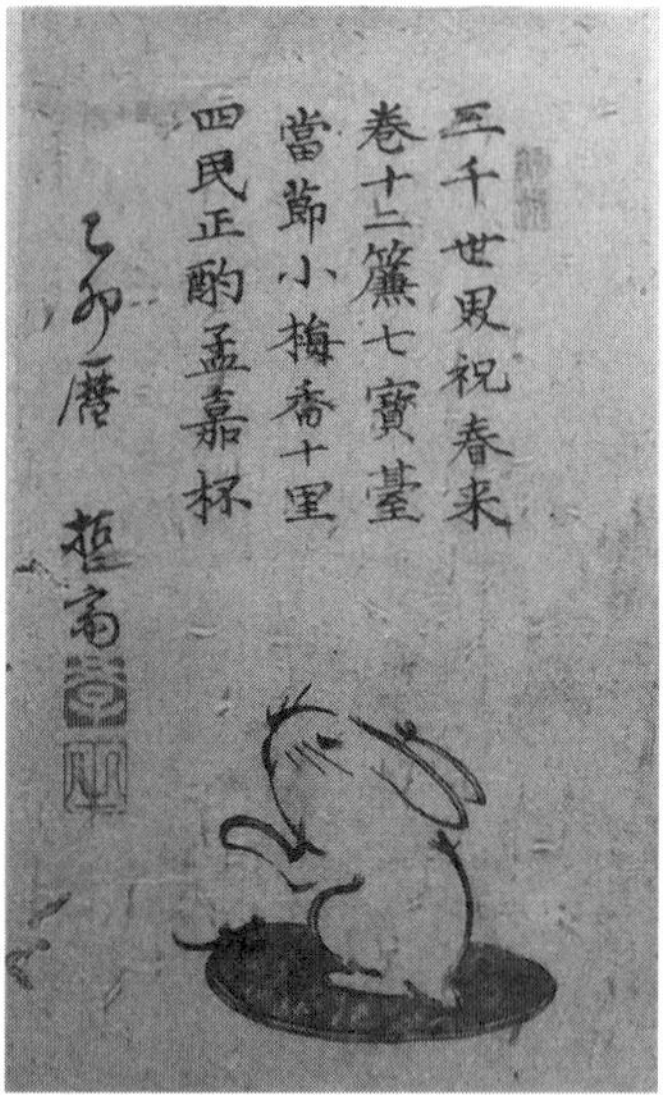

図 95 (8.5×14 cm)

図 94 (模写)

に《二》ぎわひな《七》春やこ《小》としも《十一》し《四》ご《五》く《九》よし

さあ何年でしょうか。

図94は、あれさやめてください——と声が聞こえてきそうな大小。小の月は衝立にあります。

図95の大小は、漢詩仕立てです。

三千世界祝春来　巻十二簾七宝台　当節小梅香十里　四民正酌孟嘉杯

漢詩に正、三、四、七、十、十二、そして小梅とありますから、これが小の月。かわいい兎に大の月が隠されています。哲斎作の乙卯《きのとう》の暦、さて何年でしょうか。

図96　(13×17 cm)

図96の大小は、万歳に数字があります。いつの大小でしょう。

図97は、大小というよりも略暦の部類に入ります。一年中の必要とされる暦註が記されていて、

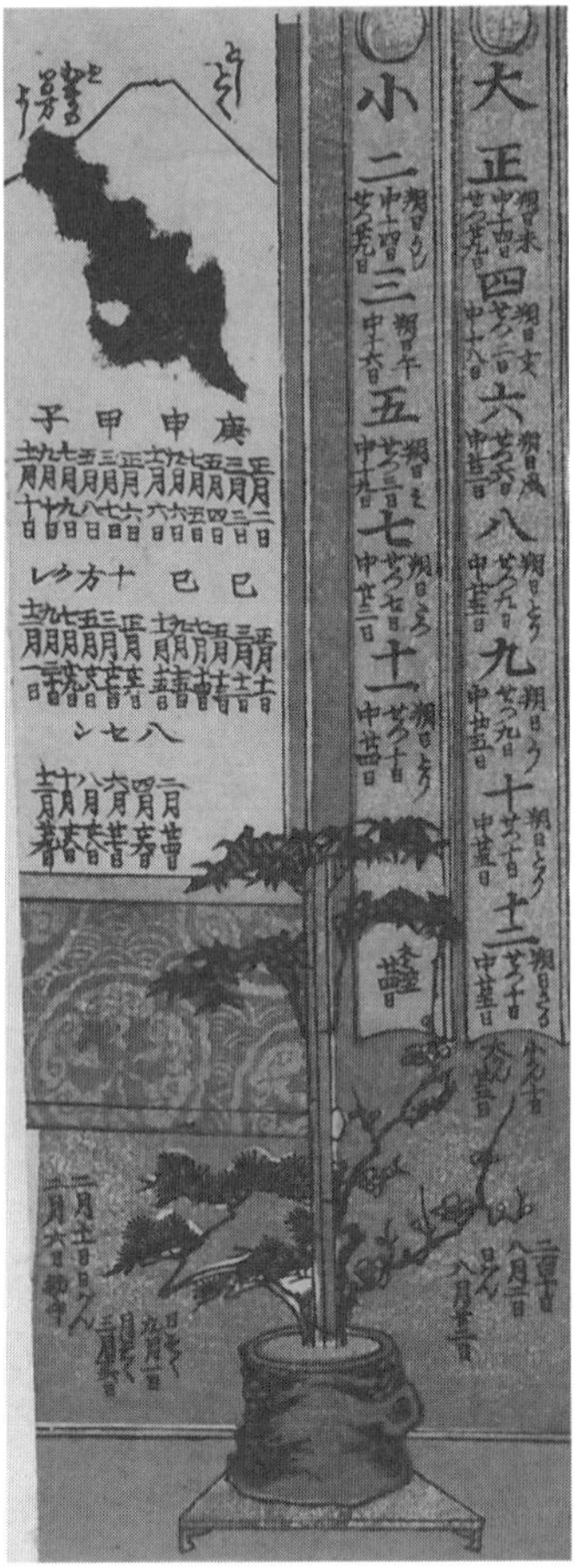
図 97　(9×25 cm)

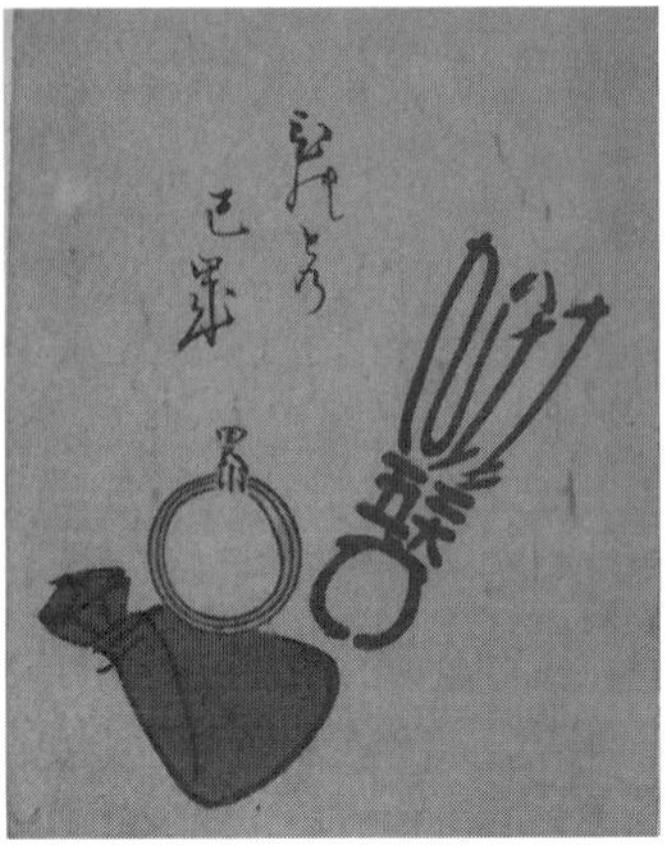
図 98　(10×12.5 cm)

これを柱に貼っておくだけで重宝したでしょう。柱《はしら》暦《ごよみ》ともいいました。
エトは富士山に登る黒い雲竜で示しています。さて何年のものでしょう。

図98は、江戸好みの粋な大小です。
矢を入れて携帯する容器の胡簶《やなぐい》と、弓道具を入れる袋の図。「ひのとの巳歳」とあります。さて何年でし

ょう。

次の図99は、瓢箪から駒が出ました。意外な所から意外な物が出ることのたとえです。それほどむつかしくありません。調べてください。瓢箪に小、正、三、四、六、七、十、があります。

図99　(5×17.4 cm)

図100　(8×15.5 cm)

図100は和歌仕立ての大小です。

小供らがな《七》に《二》く《十二》れと《十》なく遊び
ては　打ゑむかほのい《五》つも
う《閏》る《八》はし

唐子に大の月。たぶん戊の年でしょう。

図101は、「乙丑小暦」という大小です。

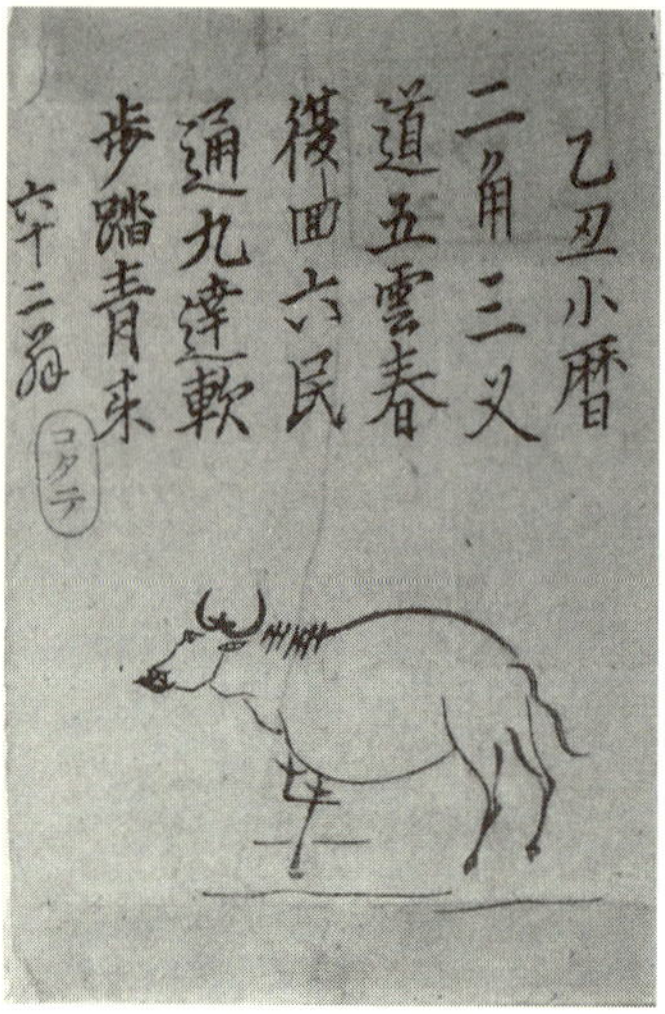

図 101　(9.5×14 cm)

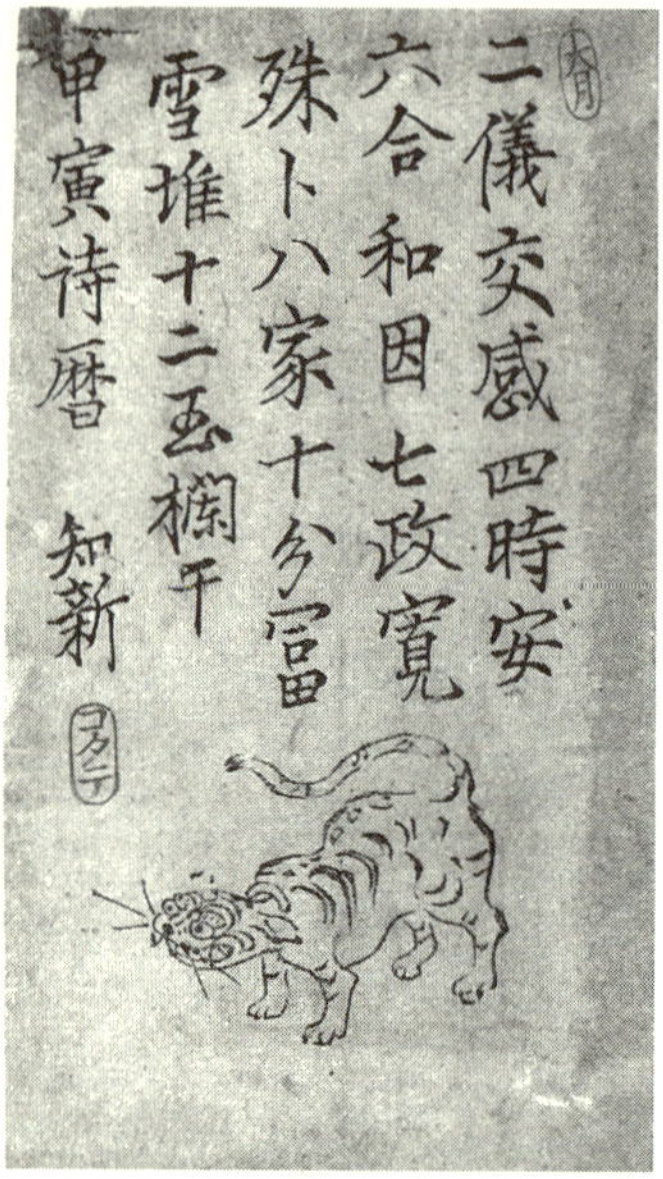

図 102　(9.3×16 cm)

漢詩に小、牛の角に大の字をあしらい、図中に大の月が示されています。六十二歳のコタテさんの作。

図102も同じくコタテさんの「甲寅詩暦」。どちらが古いと思いますか。作者の歳はいくつでしょう。

次は図103です。

さら〱と世の無事ふくや錺《かざり》
藁《わら》　霞引ゆく初乗りの舟
手入した鴬早う音を張りて　癸
亥とし　霞紅

一見して俳諧の正月配り札と思えますが、鶴の絵に大の月が記されています。さて何年のものでしょう。

図 103　(14.5×15.5 cm)

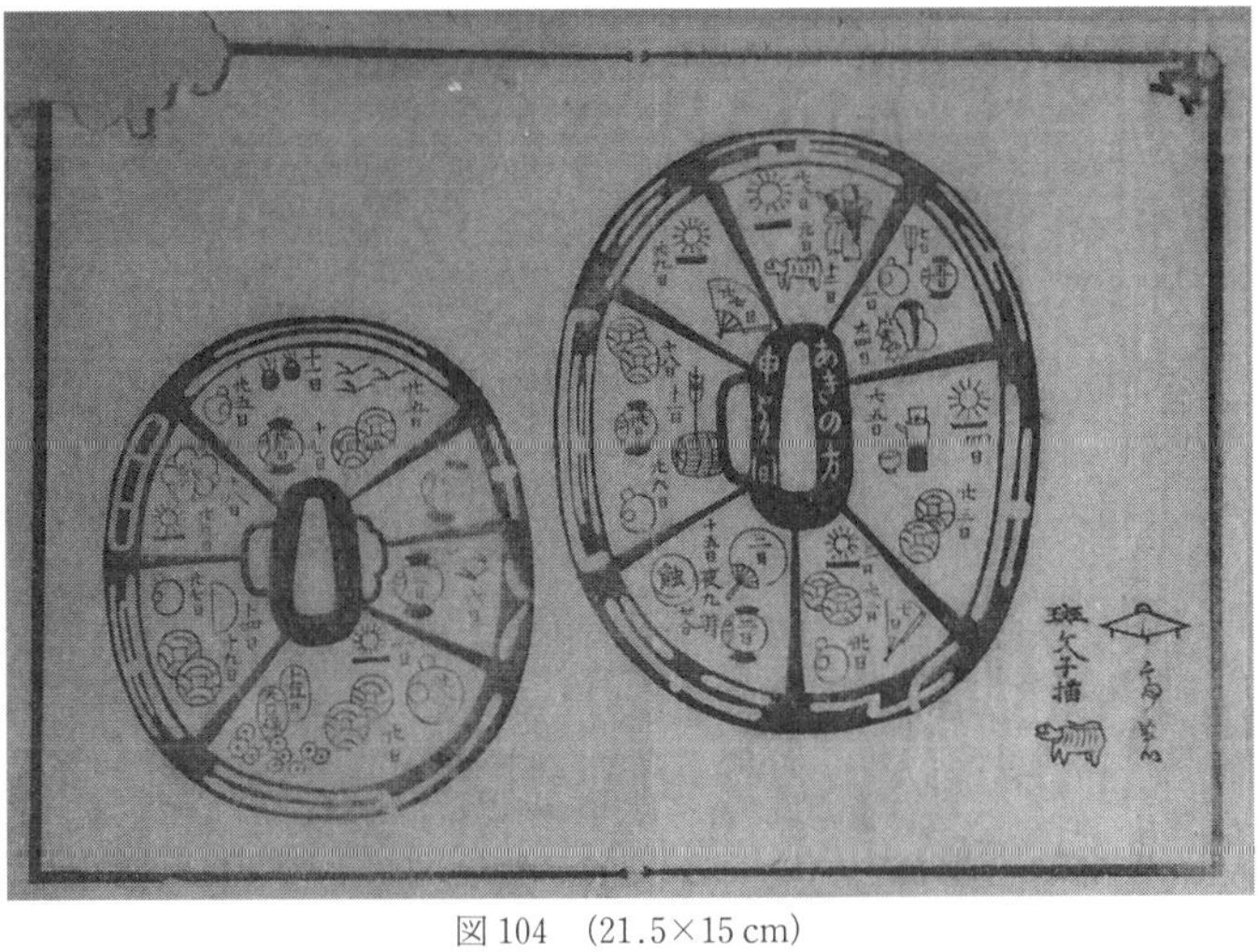

図 104　(21.5×15 cm)

図104は何年のものでしょう。刀の鍔の大小を大小暦とするのはいくつも見られますが、これは少し変ったアイデアです。鍔の外周に月の数字を並べ、暦註を盲暦風の絵文字で示しています。大の月である正月には太陽と一で天一天上を示してあり、この日はどこへ出かけるにも良い日とされました。それが一月二十八日というわけ。豆を撒くのは節分で十二日、元日として張子の虎を描くのは、元日が寅の日であることを示しています。

二月は小で、雁は彼岸の入りを示し二十五日、波銭の四文が二枚で八専《はっせん》、宝珠は初午、二十五日は猿のぬいぐるみが背中を向けている図らしく庚申《かのえさる》、打出の小槌は大国主《おおくにぬし》の持ち物ですから甲子《きのえね》と洒落ています。

三月大の扇子は春の土用の入り。夏のそれは六月二日で団扇《うちわ》、秋は九月七日で扇子、冬の土用の入りは十一月七日で、季節で扇子の広げ方が違います。四月の梅は入梅で、六月十五日には月蝕がありあり夜九時七分と時間と蝕分までくわしい。さらにもっとくわしくは岡田芳朗先生が『南部絵暦』（ものと人間の文化史42、法政大学出版局）で解説されています。

この大小の左上が欠けていますが、右上には庚申《かのえさる》の年ですから猿が手を伸ばしています。おそらく左上も猿だったのでしょう。

もう一枚、天理図書館蔵の銅版画が『南部絵暦』に出ていますが、これと同じものが神宮徴古館にもあります（図105）。大小は同じものはあまり伝わりません。

図 105　(15×9 cm)

図 106　(12×17.5)

銅版画はこの頃に流行した細密精巧な技法です。さてこちらは何年のものでしょう。

最後は図106。見れば、もうおよそいつ頃、そして何年とおわかりになるのではないでしょうか。

二《にっ》ぽんの三国一《さんごくいち》の冨士山《ふじさん》へ　霜《しも》よりのぼる龍《たつ》八五《はご》出《しゅっ》世

もうそろそろ大小の時代もピリオドです。

年号さがしの答

カラー口絵10・88・89　万亭応賀の三枚とも同じ安政元年（一八五四）甲寅《きのえとら》。年始の図の松飾りに「嘉永寅年」の札が下がっています。嘉永寅年は七年で安政元年と改元されました。

図90　小の月が二、四、閏四、六、八、十一月で、嘉永二年（一八四九）己酉《つちのととり》。

図91　嘉永二年（一八四九）己酉《つちのととり》。

図92　嘉永五年（一八五二）壬子《みずのえね》。この年は閏で、二月が大と小と二回ありました。ですから二月の字の中に大と小が含まれています。

図93　嘉永三年（一八五〇）庚戌《かのえいぬ》。

図94　安政二年（一八五五）乙卯《きのとう》。

図95　安政二年（一八五五）乙卯《きのとう》。

図96　丙辰《ひのえたつ》年とサイン風に記され、安政三年（一八五六）。

図97　安政三年（一八五六）丙辰《ひのえたつ》。

図98　安政四年（一八五七）丁巳《ひのとみ》。

図99　安政五年（一八五八）戊午《つちのえうま》。

図100　文久二年（一八六二）壬戌《みずのえいぬ》。

図101　慶応元年（一八六五）乙丑《きのとうし》。

図102　安政元年（一八五四）甲寅《きのえとら》。十一年も前、したがって作者五十一歳の作。

図103　文久三年（一八六三）癸亥《みずのとい》。

図104　万延元年（一八六〇）庚申《かのえさる》。

図105　慶応元年（一八六五）乙丑《きのとうし》。

図106　明治元年（一八六八）戊辰《つちのえたつ》。

解読にてこずる大小

ここでは解読するのにてこずる大小をとりあげてみましょう。まずは図107。

年神《としがみ》の棚《たな》の小松《こまつ》を初《はつ》ねづみ　引《ひ》くしめ縄《なは》の千代《ちよ》のかず〳〵

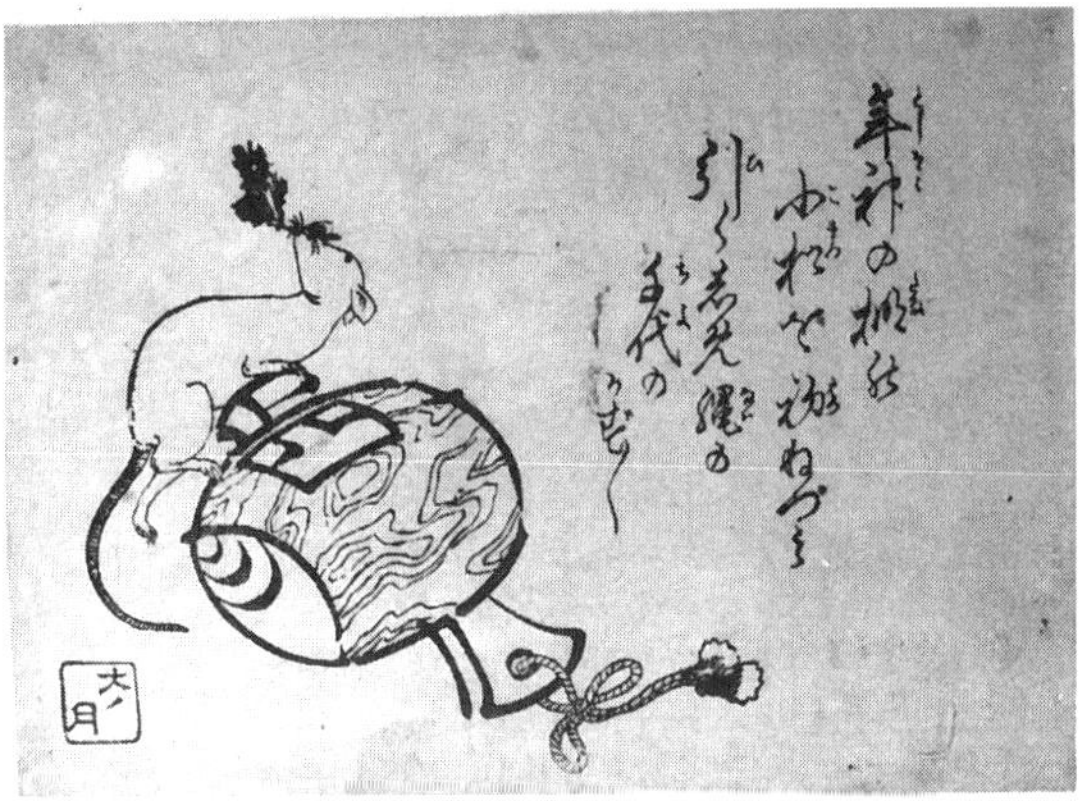
図107　(17.5×12 cm)

大の月の印があり、絵が大の月を示すとわかります。正、三、四、七、九、十一です。ところがこれに配当できる年号がありません。嘉永五年（一八五二）壬子《みずのえね》がこれに近いのですが二月がぬけていますし、この年は閏月の二月小もあります。

青一色の摺りから考えるともう少し古いものと思われますが、年号早見表にあてはめてずっと先まで調べてもこの配列はありません。子年にちがいないのですが、どうもわかりません。ネズミの首の線を二としてもよいのですが、少し弱いです。

次は図108です。

凡三百五十四日ある日を工直に四《し》て家内《かない》六《む》ッまじく

図108　(24×17.6 cm)

八《は》たらき十《い》る時は十二《とをに》ひとつ不自由なく又
あきないの方巳午《みむま》の間万よし　　叩山人誌

大黒さんと鶏の絵は誠斎筆、印が大とあり絵に大の月があることを示します。ちょっとわかりにくいですが、文の方が小ですから、正、四、六、八、十、十二です。その残りは二、三、五、七、九、十一。三百五十四日はこの年の日数でこれは入りません。鶏がいるから酉年でしょう。年号早見表で調べますと、この配列は元文三年（一七三八）と安永三年（一七七二）。宝永七年（一七一〇）や明治三年（一八七〇）は閏が加わりますから、これではない。だが元文も安永も午年なのです。よく似ているのは文久元年が改元した万延二年（一八六一）の酉年で、これにしたいところですが十二月が大ですから違います。さて困りました。画家や版元がわかれば時代考証はできますが、叭山人や誠斎をどなたかご教示ください。青一色の木版でこの姿の大黒は古い図柄で、文字絵も享保頃の大小に通じます。さてそれほど古いでしょうか。

図 109　(17.7×13 cm)

図109は一見してわかりやすそう。後ろ向きの布袋《ほてい》さんが持つ扇に大と見え、衣に九、三、四、六、袋に八、子供に正と十一で、これが大の月。

この配列を調べると、元禄八年（一六九五）乙《きのと》亥《い》、宝暦七年（一七五七）丁丑《ひのとうし》、文久二年（一八六二）壬戌《みずのえいぬ》があります。ただし文久二年だと八月が閏。閏があるならそれと知らせるでしょう。紙質と色調や摺りからやや古いものと思いたく、布袋が後ろ向きですから丑年の宝暦かなとも考えましたが、文久か宝暦か。

布袋は中国、後梁の高僧。九〜十世紀の人で、日用品をすべて入れた布の大きな袋を持って町中を歩き、吉凶や天候を占ったといいます。日本では七福神の一人として親しまれています。

この絵はトレードマークのにっこり笑った顔や大きな腹を見せずに後姿を描いたのがなんともにくい。扇の大の字もよく調和しています。袋からはみ出した宝珠は宝物のシンボルですが、『万葉集』の山上憶良の歌、「銀《しろがね》も金《くがね》も玉も何せむに　勝《まさ》れる宝子に及《し》かめやも」を思い出させてほほえましい大小です。

次は図110の大小です。

子宝の数を布袋八六七十《斗》　四極《ごく》大きなぬののふくろ二

ちょっと理解できません。「八六七十《斗》」をどう読むのでしょうか。十は斗とルビが付けてあります。おわかりの方はご教示ください。雑俳に「(布袋さんは)福禄寿でも産みそうな胸孕み」というのもあります。扇に閏七があり、図に正、三、五、七、九、十一が見えます。これが小で嘉永七年(安政元年・一八五四)甲寅《きのえとら》のもの。

次は図111です。

大うけのうめに初ねの小鳥かな

鴬に正、三、四、七、十、十一が見え、小鳥ですからそれが小の月。しかしこの配列の年はありません。十一と見えるのはたぶん十二で、それなら安政二年（一八五五）乙卯《きのとう》となります。

図 110 (18×10 cm)

図 111 (8×18 cm)

図112も簡単だと思ったのですが、いやはや出来の悪い大小でとてもてこずりました。

正月の〆飾りのお札に数字があり、正、二、三、四、七、九、十一。そしてその上に小月らしい藁の表記があります。これで小の月を示すものと思いましたが、年号早見表に当てはめてもそんな年はありません。もっとも一二三四と順序よく大か小の月が続く年はそうありません。嘉永五年 壬子《みずのえね》（一八五二）は大の月がこの順序です。

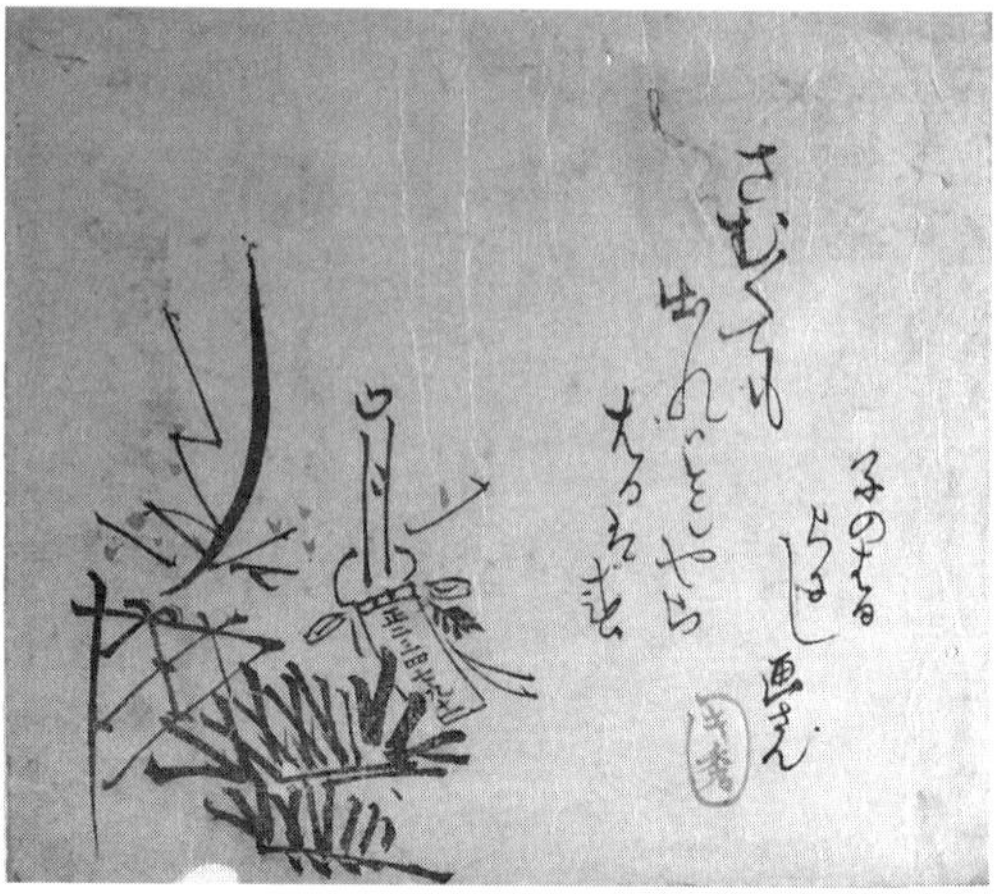

図 112　(19×16 cm)

図 113　(8×16 cm)

子《ね》のはるとあり、子の年だからこの年でしょう。しかし十一は十二にも見え、札の上方は四とも見えて紛らわしい。

　さむくても出ればどこやらはるは春

と、春を重ねることにより、この年は二月に小の閏月があることを示すのだろうかと勘繰ってみましたが、私の思いすぎかもしれません。頓知くらべです。

図113も難解です。

小《こ》ぎまりにづい十《と》めかして初卯《はつう》から　五四《ごし》のきげんでま八《わ》るよし原《わら》

五四はご酒でしょう。いっぱい機嫌でおしゃれして江戸の遊郭、吉原へ日本堤（現在の台東区浅草北部）を歩むプレイボーイの図。

さて何年のものでしょう。人物に大の月で閏三月があり、万延元年（一八六〇）庚申《かのえさる》に違いないのですが、歌の方の小の月に二と七が見あたりません。二は「小《こ》ぎまりに」の「に」かもしれませんが、七がありません。七は質で流れてしまったのでしょうか。そこまでは考えすぎかもしれませんが、風流人のしたこと、あんがい当っているかもしれません。

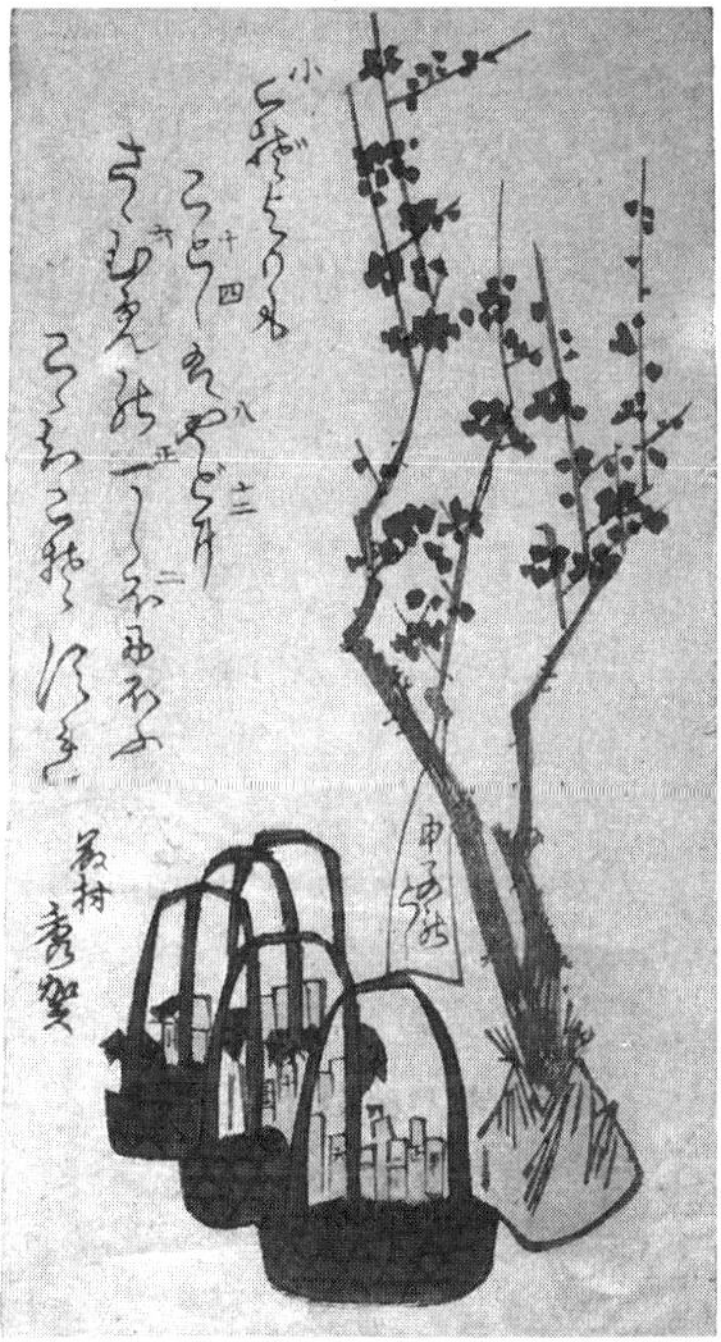
図114　(9×17 cm)

次は図114です。

こ《小》ぞよりもことし《十四》はや《八》どに《十二》
さくむ《六》めの　一《正》しほ《一》にほふ
ここちこそすれ　甲子の
とし　藤村　秀賀

「こぞ」（去年《こぞ》）と小の月を示すルビを付けて歌中にそれを示していますが、念入りに苗木の

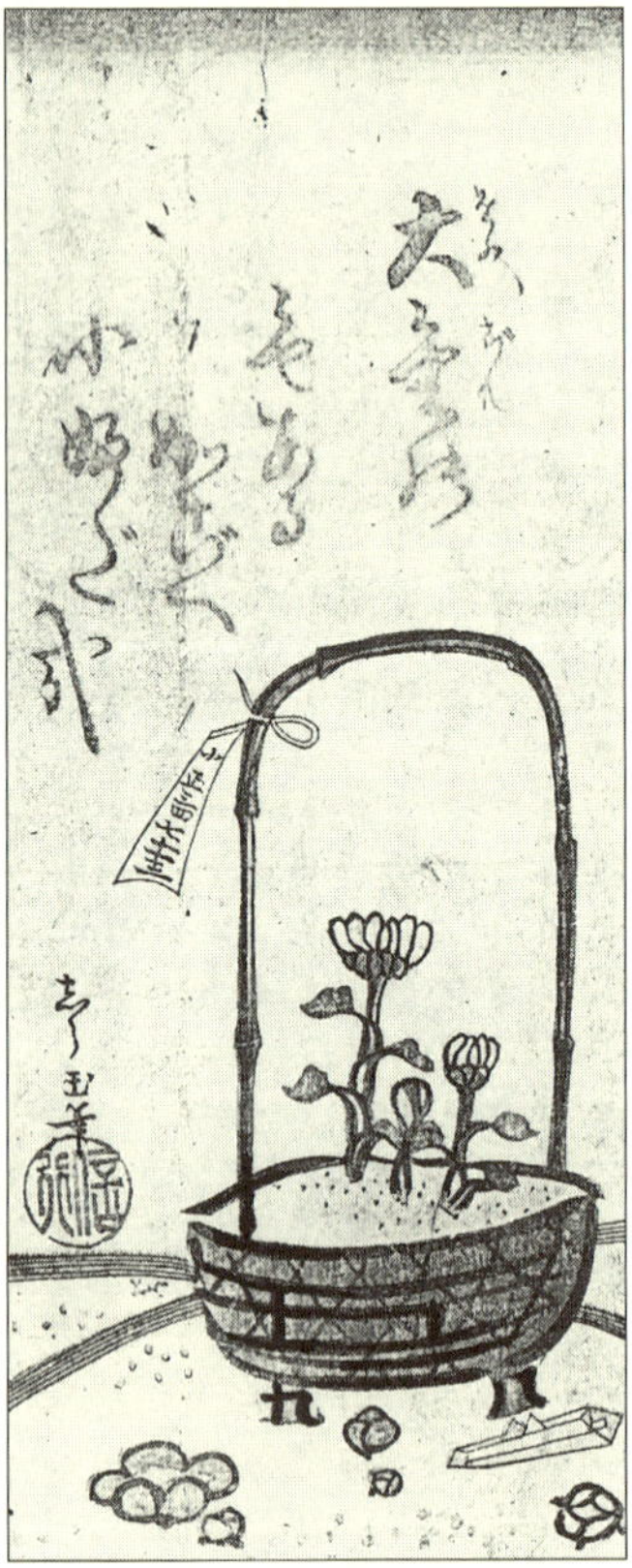

図 115　(7.5×19 cm)

籠の札にも記しています。「むめ」は梅で六です。

元治元年（一八六四）の甲子に間違いないのですが、「や《八》」のルビが余分。八月は大の月でした。どうして間違ったのでしょう。もう実用ではないからどうってことはありませんでしたが、中山忠光暗殺、京大坂の物価騰貴、高杉晋作ら馬関襲撃という時に作られたのですから、まあ大目に見ておきましょう。

次は図115です。

大金《をふごん》の花あるかごへ小ふだ哉《かな》　　しら玉筆

花籠の小札にはっきり小、正、三、四、七、十一、十二とありますからこれはすぐわかると高を括ったところ、こんな小の月の配列の年はありません。十一、十二と続く年は少なく、これが十、十二なら安政二年（一八五五）ですが、それにしても六が見あたりません。おそらく六は「むめ」の花で表わしたのですが、彫師が小の十と十一を間違ったのか騙したのか。無駄な時間を費やされました。

大小はこのように風流人の年末の遊びとなり、新年の挨拶に贈答しました。贈られる方も今年はどんなのを戴くか楽しみにしていましたから、名案をしぼり出さねばなりませんでした。ところがある年、ある人はどうしても出来ませんでした。かといって恒例にしていますから配らねばならず、思いあまって「無」と書きました。すると、「先生、どういった趣向です、今年のはあまり凝ってなさるから私どもにはとんとわかりません」。そこでにやりとして、「いや今年はどうしても作れなかったので無いと書いただけだよ」という笑い話。ありそうな話です。いや実際にありました。司馬江漢は天明七年（一七八七）に米、粟、胡麻、芥子、水引の花を描き、「小なる物を虫目鏡にて大きく見たる図なり」と、さも大小らしく見せて「丁未立春戯写」と逃げています。これは東京国立博物館のコレクションに入っています。また梅チャ暦というのもあります。めちゃ暦というわけで、大小になっていないいたずら暦です。他にも、「大酒に酔って小もないやつさ」と注意書して笑わせる珍作もあります。大小はついにディレッタンティズムに落ちて行きつくところまで行ってしまった感じです。

図116も「四苦八苦」などと大小らしい数字が見えるものの大小ではありません。天保四年（一八三三）癸巳《みずのとみ》の年頭の廻礼に、お年玉として名刺代りに知人や得意先に配ったものです。絵は有名な谷文晁（一七六三〜一八四〇）。この時代きっての画家で晩年は依頼画をずいぶん描いていたらしい。これほどの大家になると年末近くになり、こんな大小の画題でと注文するわけにもいかず、祥瑞吉兆、福神財宝の既製品的な絵になりがち。ちなみにここに書かれている、

永《なか》き世《よ》のとおの眠《ねふり》の皆《みな》めさめ浪《なみ》のり舟《ふね》の音《おと》のよきかな

という下から読んでも同じ文になる回文《かいぶん》は、正月二日の夜に宝船の絵に描いて枕の下に敷いて寝る風習がありました。それに使ったものでしょう。これについては拙著『枕』（法政大学出版局）に書きました。

こうした大小と似た浮世絵の摺物に「有卦絵《うけえ》」というのもあります。

有卦（有気）とは、する事なす事みな吉方へ向かう縁起のよい年まわりで、陰陽道では七年間続くとされ、それに対して無卦《むけ》とは不運の時期だという迷信です。

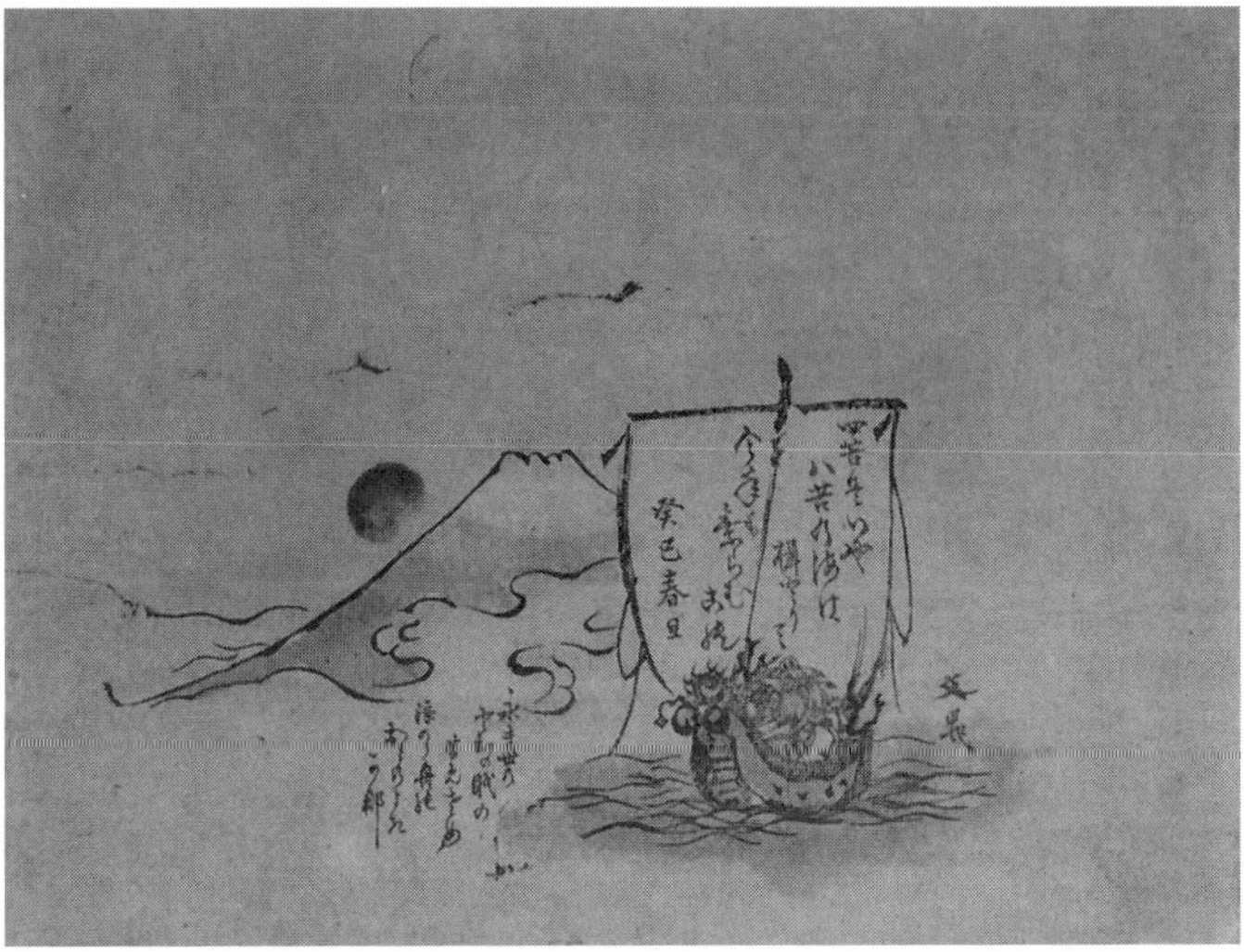

図116　(23×17 cm)

人は生まれ年の干支により木性、火性、土性、水性、金性の五つに分かれ、木性であれば酉年の酉月の酉の日の酉の刻より有卦に入るなどとされ、七年間は幸せになれるという迷信で、有卦に入れば頭に「ふ」の付くめでたいものを贈る風習がありました。また「ふ」の付くものを描いた絵を贈ったり貰ったりすれば福が倍増するとしました。

福の神、福助、福禄寿、福寿草、富士山、藤娘、二股大根、不老酒、笛、フグ、鱶七《ふかひち》、……なんでも「ふ」が頭に付くものを描くのです。

この風習は近世後期の不安な世情の中で発生し、文献上の初出は最古の大雑書といわれる寛永九年（一六三二）版の『大雑書』であろうとされます（矢島新「江戸東京博物館研究報告5」)。

大雑書とは日常生活における日時、方角などの吉凶や男女の相性、人相、手相などいろいろな占いを記した日用生活百科の本です。こうした庶民生活の一部を示す指針が大小と共に一枚の摺物にまとめられたものや、「寅日集」などという寺社の御縁日を知らせたもの、広告の中に大小を入れる「引札」や火の用心の札、麻疹絵、疱瘡絵、鯰絵などさまざまな大小と似た図柄の錦絵や、大小を兼ねた「日よみ年代記」とか略暦などたくさん存在したのです。

これらを調べると、非科学的ではありますが江戸時代の庶民の素朴な信仰心が読みとれます。大小は戦前には浮世絵に混って古本屋でしばしば見られたそうですが、現在ではほとんど出ません。しかし案外これが暦と気付かれず反古にされているかもしれません。このまとまったコレクションは国立国会図書館や日比谷図書館、東京国立博物館、天理図書館などにありますが、いつでも見られる状態にあるところがないのは残念です。

第五章
江戸と戯れる

初期の大小

少し古いものを紹介しましょう（図117〜119）。

「徴古帖」に貼られていたもので、いずれも虫喰いのため判読できませんが、木版の墨一色摺で古風なものです。おそらく大小の初期のものでしょう。他にも歳旦の歌を数首刻したもの、文字のみの版摺もあります。

図120は、「享保十四年（一七二九）己《つちのと》酉《とり》」とあり、これが徴古館資料では年号が明確な古い大小の一つです。絵文字もわかりやすく、略暦として実用的です。「華洛堀井軒畫」とありますから京都の人の作です。もうこの頃にすっかり大小は完成していました。いかにも江戸時代といった絵を味わってください。現在知られている最古の大小は、小林忠編『日本の美術・春信』（至文堂）によれば享保八年（一七二三）の羽川元信筆「祐経《すけつね》湯《ゆ》殿《どの》始《はじめ》」という漆絵だそうですが、

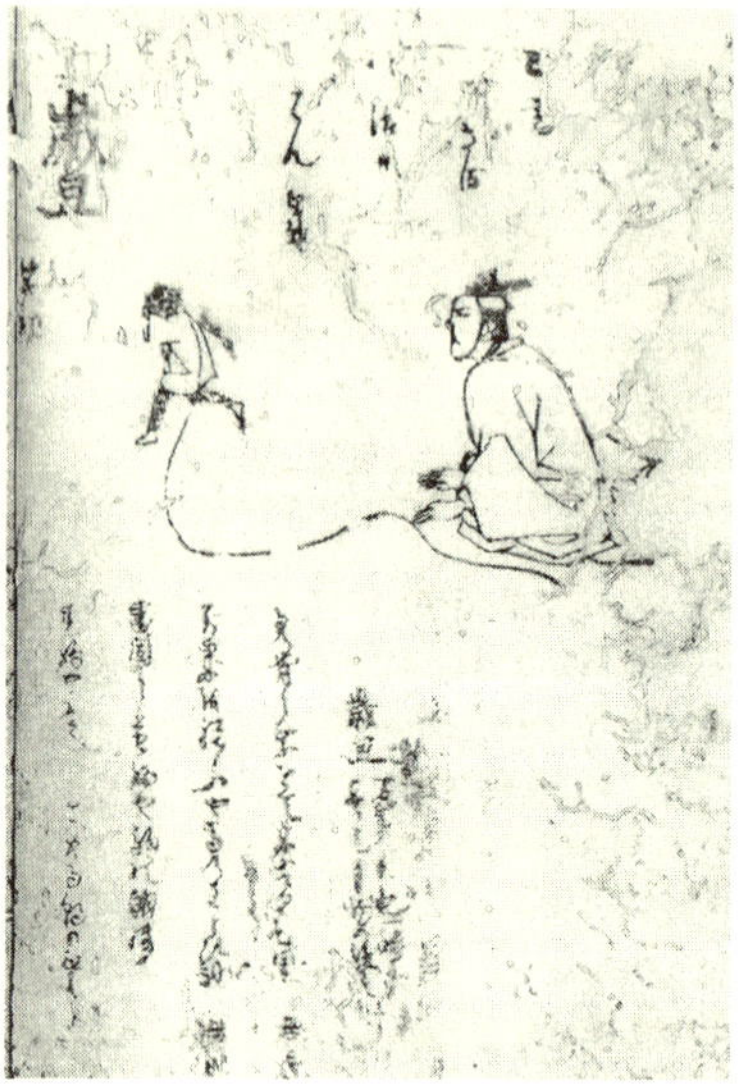

図117

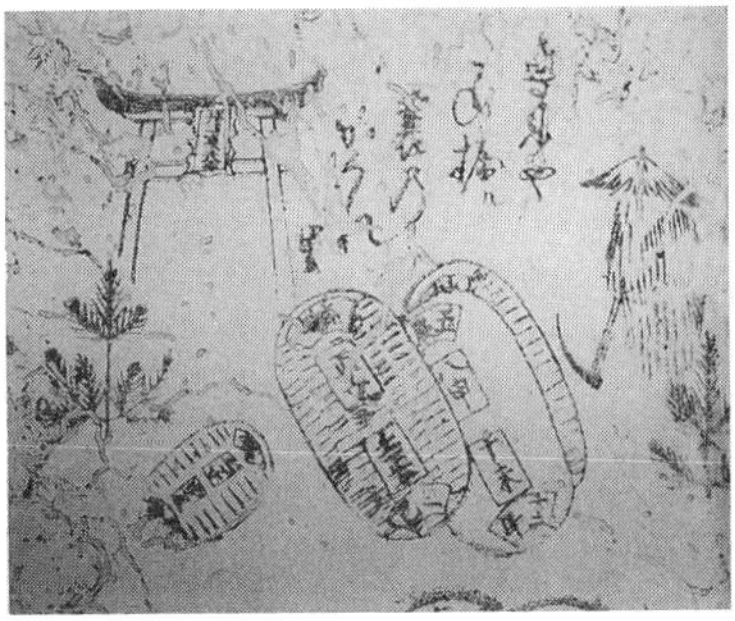

図 119

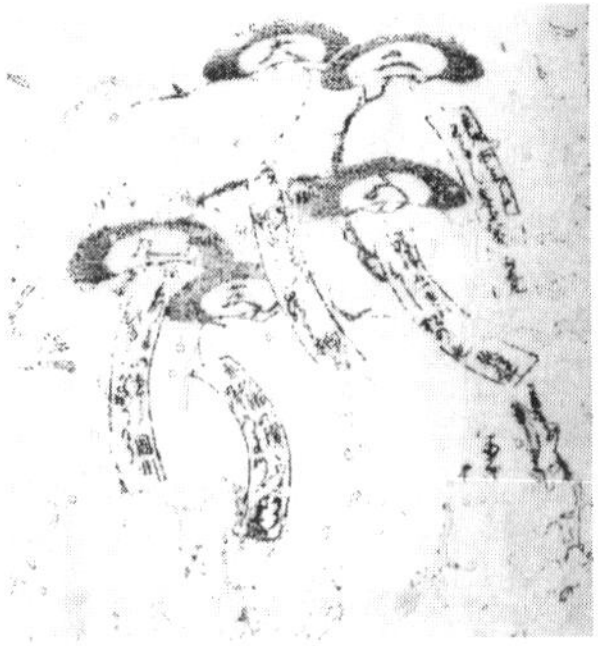

図 118

図 120　(30×24 cm)

これはその六年後のまちがいなく初期のものです。享保十年版の鳥居清信筆「役者評判記」も大小になっています。

これら古い大小は墨摺や漆絵でしたが、やがて紅摺が加わり、明和のはじめに錦絵という多色の版画になります。錦絵は明和二年（一七六五）に鈴木春信が創始したと伝えられ、この頃に大小は熱狂的な大ブームになっていました。それまでも俳人などが知友の間で現代の年賀状の交換のように配っていましたが、明和二年にブームはピークとなり「大小会」というのができました。この会は、大久保甚四郎忠舒《ただのぶ》（巨川）という千六百石の旗本と、阿部八之丞正寛《まさひろ》というこれまた千石の旗本二人が頭取となり、これに九段飯田町の薬屋の小松百亀（小松軒）が町人代表として積極的に活躍し、旗本屋敷や湯島の茶屋などを借りて開催したと、大田南畝の『金曽木』（文化六年刊）という本に出ています。大小会は「大小取替会」というのが正式名だったらしく、有閑好事の人が自作を持ち寄り作品交換して優劣を競ったそうです。この頃は本草学の物産会も盛んで、大花会といういけばなのコンクールや、手拭合《あわせ》という手拭いのデザイン展が催されたり、「誹風柳多留」もこの年に刊行され、江戸文化の爛熟期でした。ただし大小会の熱狂的ブームはこの年だけで、あとは下火になったようです。

東京国立博物館にも長谷部コレクションにも、明和二年版の大小が圧倒的に多く、それだけブームが大きかったことがわかりますが、それらは素朴な作品で、マッチのラベルやその数倍の大きさのものが多い。たぶん大小の会に促されて好事家の素人が自作したのでしょう。そうした中で鈴木春信が多色摺版画を誕生させ、大小の会に出品して人気を呼んだのです。

春信の作品は浮世絵の中の美人の衣服や帯に月の大小文字を入れて、大小というより絵暦という方がふさわしいのですが、これまた明和二年のものが大部分です。なぜこの年にブームになったのか長谷部言人先生は、宝暦四年（一七五四）に改暦があったが欠点が多く日食が記されてないことなどから、牛込に天文台や新暦調所ができ、世間の人が暦に関心をもったことに誘発されたのだろうとしています。とにかく春信の色刷表現の技法に刺激され、素人が自分で作っていたのを専門の絵師、彫師、摺師に依頼して美しい作品にと以後は発展したのであり、大小は浮世絵の技法発展にも寄与貢献したと思われます。

では、明和の大小を見てみましょう（図121〜131）。

図121は、小松と果物、手描きです。大、正、三、五、六、八、九、十一、明和三年（一七六六）でしょう。

神宮徴古館のコレクションには明和のものはこれしかありませんが、東京国立博物館や長谷部コレクションにはたくさんあります。その大部分は文字絵の大小です。次のようなものが流行したのでしょう（図122〜131）。

図 121 （8 ×6.5 cm）

明和二年（一七六五）の大小のいろいろ（図122〜131）

図 122 （模写）

図 123

図 124 （模写）

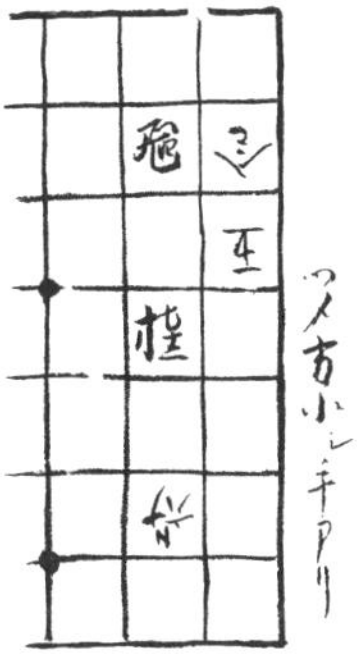

図 130

図 126　（模写）

図 125　（模写）

図 127　（模写）

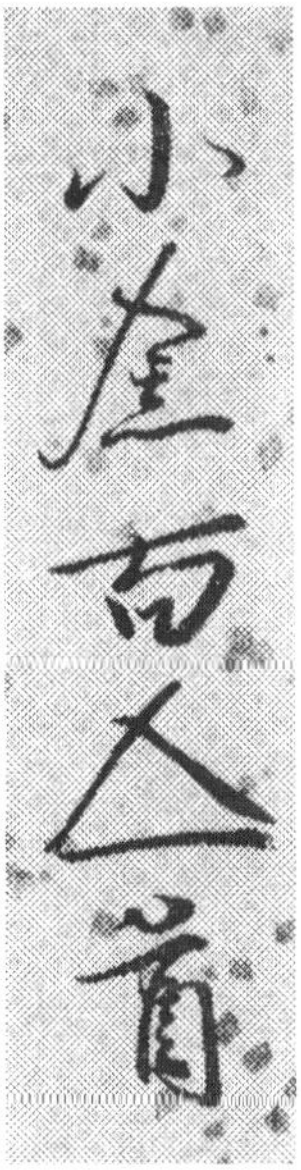

図 131

図 128　（模写）

図 129　（模写）

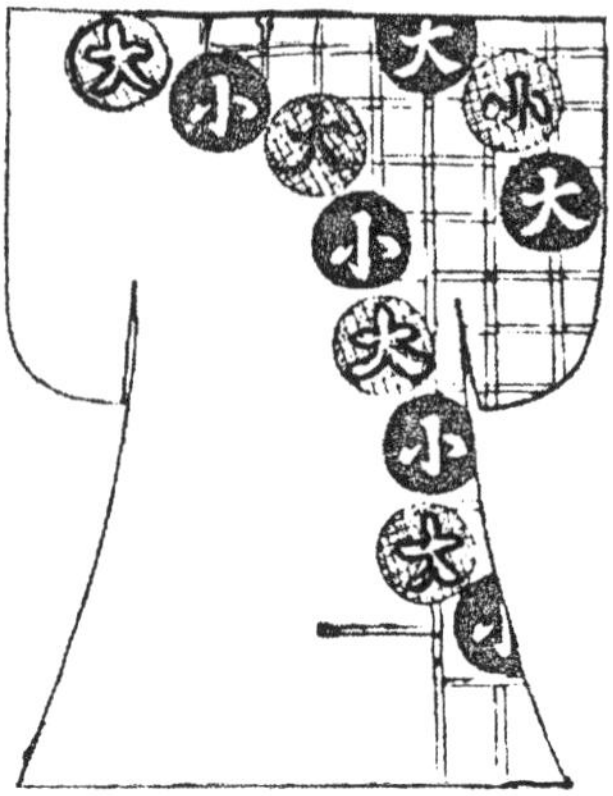
図 132

大小は小袖の模様にもとり入れられ、『御ひいながた』というデザイン集には、図132のような大胆な図柄が出ています。どんな人がこんなのを着たのでしょうか。ところがこの本、寛文七年（一六六七）発行といいます。それなら大小の始まりとされる貞享三年（一六八六）より十九年も古い。明暦の大火（振袖火事・一六五七）後に商人層を中心に寛文小袖が流行したといわれます。そのスタイルブックの中に大小模様があったということは、さらに調べる必要はありますが、大小の歴史は長谷部博士がいわれているより古くなる可能性があります。ただし大小の配列は考えておらず、当時の役者絵の衣服の文様にも大小が〇の中に記されているのがありますから、大小暦の誕生前の文様かもしれません。ずっと古くすでに奈良時代から月の大小は知らねばならぬことでしたから、趣向をこらしたものではなく、素朴な形でいろいろと存在していたにちがいありません。

図133は、古い柱暦です。元文三年（一七三八）戊午《つちのえうま》の柱暦ですが、大小が〇の中に明記してあり、寛文小袖の大小と通じるものがあります。大小が暦として完成するまではたぶん大の月、小の

月を◯で囲んで示すことから始まったのだと思います。これらは大版のものが多く、肉太の墨絵や素朴な彩色の絵柄で、壁に貼って実用にしたのでしょう。それに一部の好事家が遊びやゆとりを加えたことで江戸町人の人気を得て、地方都市まで普及したのですが、とかく好事家は新物が大好きですから、情報を早く伝える瓦版のようなニュース性のあるものものめざすようになりました。

宝暦十四年（明和元年・一七六四）には将軍徳川家治襲職の祝賀に朝鮮王朝通信使が来日、四七七名の随員だったといいます。朝鮮から海路を経て瀬戸内海を通り、大坂からは諸大名提供の人馬で京都を経て東海道を江戸へ、このニュースを早速取り入れたのが図134の大小です。

図 133　（13×30 cm）

図 134　（模写）

天明の頃の大小（図135～139）

図 135 （模写）

図 136 （模写）

図 137 （模写）

図 138 （模写）

図 139 （模写）

忙中閑あり

次の図140は大福帳をあしらった大小です。

御贔屓《ごひいき》の厚ひ表紙に書きぞめの　大福帳はとしの調法　文政四年（一八二一）辛巳《かのとみ》

大福帳は商家で売買の記帳をする元帳。丈夫な和紙に記され、火事の際には井戸へ飛げ込んでも大丈夫だったといいます。福運の到来を願い、表紙に大福帳と記します。もちろん大福帳ですから大の月、江戸好みの渋い色彩で、「春亭画」とあります。

図140　(18.5×13 cm)

勝川春亭は明和七年生れで春英の門人、山口長十郎が本名で、美人画や読本、草双紙の挿絵も多く、日本橋や神田に住んでいました。

この注文者で版元は、近隣の冨沢町の福武氏。文政の文の字を二八で構成しているのも苦心のアイデアです。春亭は『浮世絵人名辞典』によると文政三年（一八二〇）八月に五十一歳で死んでいますから、おそらくこの大小は最後の作品でしょう。

図 141　(23×16.5 cm)

図141は、奥女中の小ゆるぎと下女のお大の会話による大小。

　ことしばなしよんで巳《み》の春

小ゆるぎ（小の月）が「お正月はいづくもせは四いものだの」といえば、お大（大の月）が「五九らうさま」といった具合。文政四年（一八二一）辛巳《かのとみ》。

図142は、上野寛永寺の両大師像の還行月番表の大小で、文政十年（一八二七）丁亥《ひのとい》のものです。

　大の月を示す大師像がみごとにそれらしく出来ています。「御宿坊」は『江戸名所図会』などで調べていただくとして、「御慶呈上不許売買」とあり、プレゼント用だったことがよくわかります。

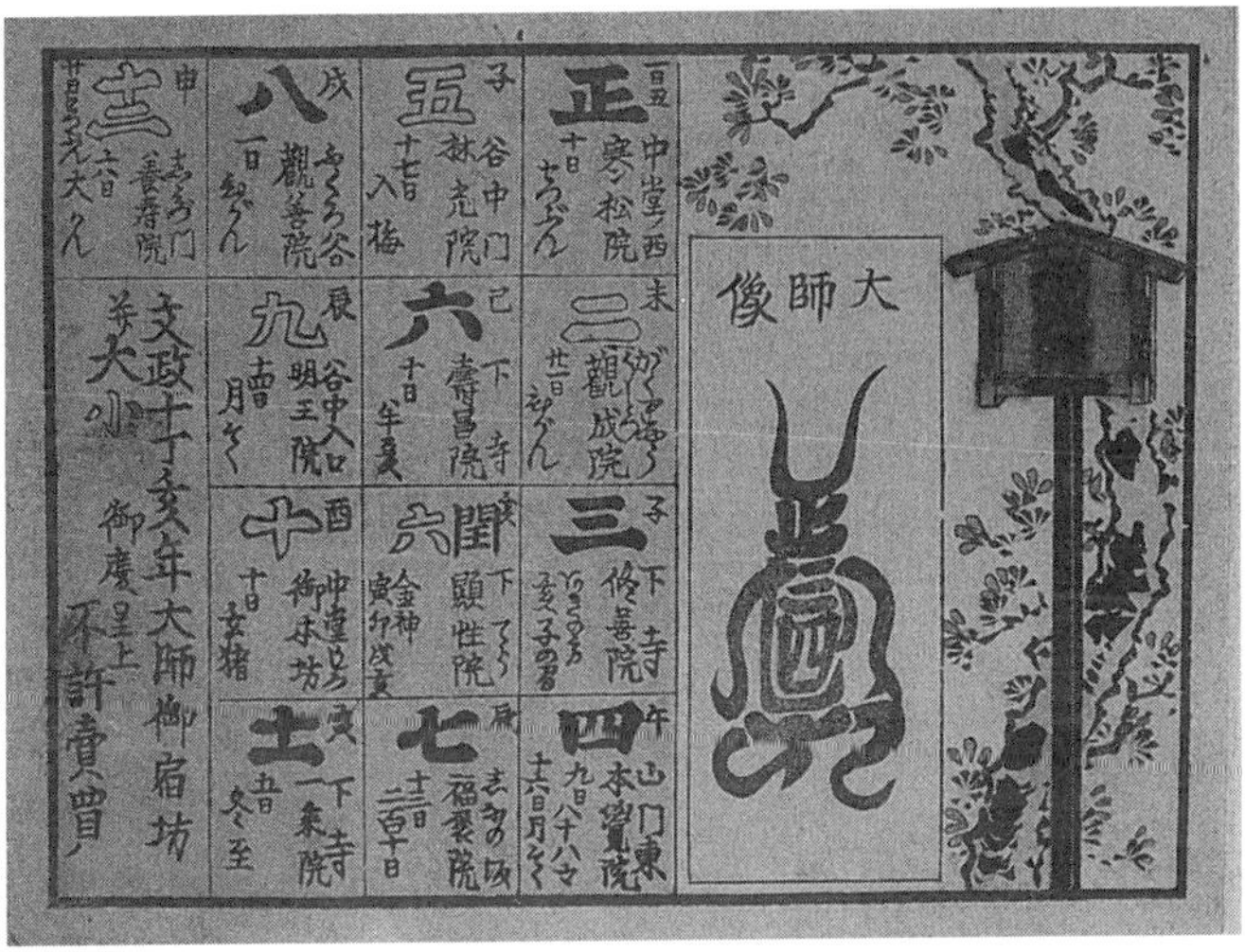

図 142 （12× 9 cm）

図 143 （14.5×11 cm）

図143は、「ねづみの嫁入」という本をあしらった文政十一年（一八二八）戊子《つちのえね》の大小です。

先方には八十八や（三ノ二十）のばばさまはなし　半夏生（五ノ廿一）のうつくしい娘二百十（七ノ廿三）から見そめておいた　入梅（五ノ四）まへにゆいのふすませ　すぐにこし入寒の入（十二ノ一日）土用（六ノ八）の入もしうと入もいつしよにしまふがとうせい初午（二ノ十二）にみそめたとのこと　しうとがあつてもいつもひがん（二ノ二、八ノ十二）まいりに出てるすばかり　てうどゐほうのあきの方巳午にむかひよめ入そうだん　十一月四日にはむこどのが火性でうけに入るとはさて〳〵めでたい　ゐんだんはなしをきいたばかりでもわたくしどもまで十月の九日ではないがいのこのきんぱくだ

これは草双紙の一種で、大人向けの読物として安永から文化初年に出された洒落と諷刺をまぜた黄表紙。作者は山東京伝ではないでしょうか。ここまでくれば消閑の戯れですが、新春の座興に金と暇を注ぎこみ、ウイットとユーモアを尊んだ江戸っ子たちに、拍手をおくりたいものです。

図144は、天保十一年（一八四〇）の大小です。

春のわらひそめ　美濃と近江の子物語　全部壱丁ロ八丁よん所なくめんもかぶらず　需に応じて作る

ことしはかのえねのとしなれば金生水《きんせうすい》①のよろこびありとて、美濃の国のねずみと近江のねずみとつれだちて江戸けんぶつにいでしに、ある日あを山のねずみあなより小ひなたのねずみ□

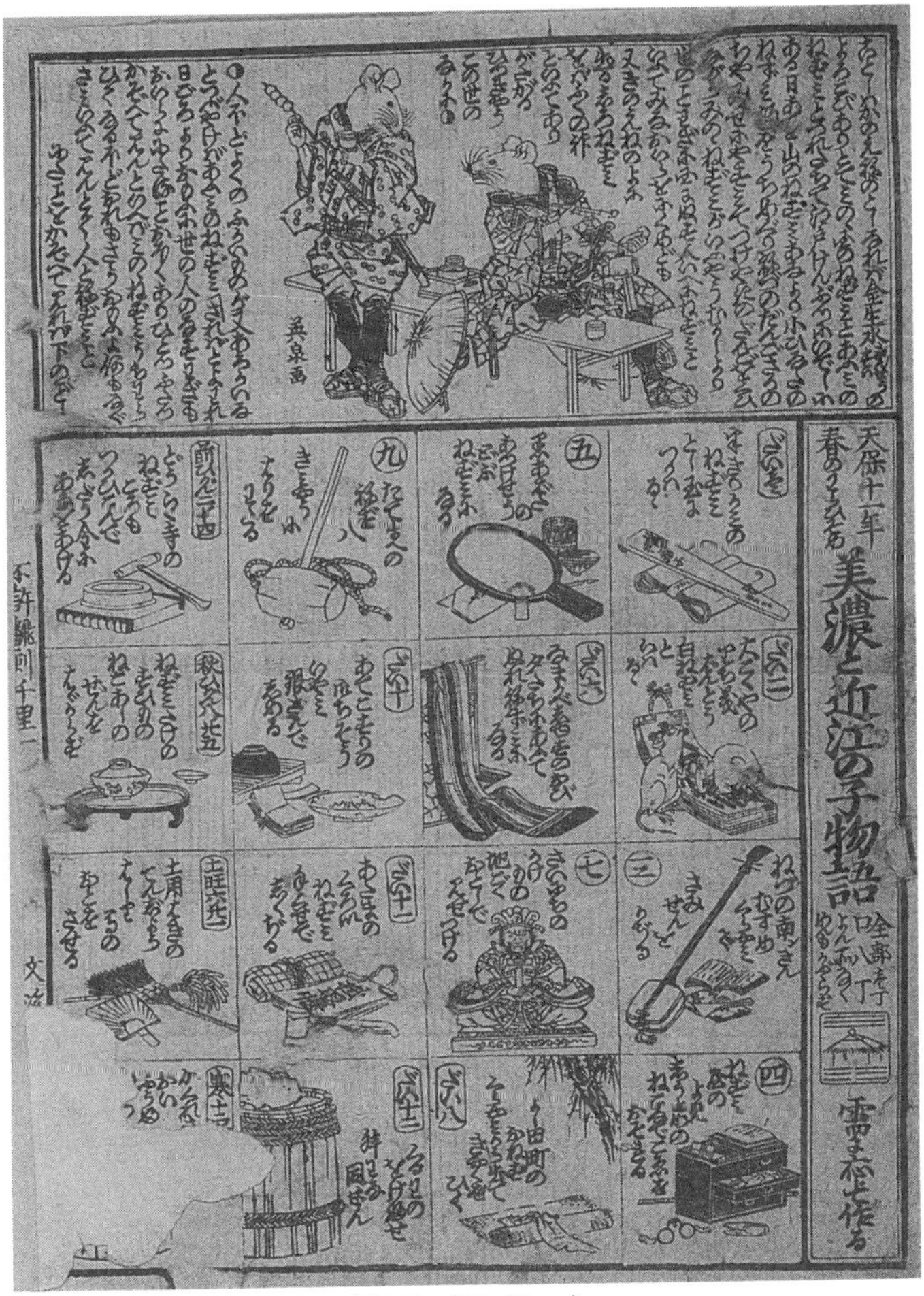

図 144　(16×23 cm)

をうちめぐり、ねづのだんござか②のちやみせに休みてつけやきのだんごをくひながら美濃のねずみがいふやう、「むかしより世のことわざに、国にぬす人家にねずみといふて、みなおいらをにくめども、又きのえねのよに出るしろねずみをばふくの神といふてありがたがる。ひつきやうこの世のなかに人ほどよくのふかいものが又あろかいな」とつぶやけば、近江のねずみ、「さればとよ、われ日ごろよりおもふに世の人のなすわざもおいらににたることおほくあり。ひとつふたつかぞへてみん」といへば、美濃のねずみうちわらひて、「なるほどおれもさうおもふよ。何もなぐさみいふて見ん」とて人とねずみとにたことをかぞへて見れば下のごとし。

だい壱　半きりかみのねずみとし玉③につかはるゝ

だい二　大こくやのりちぎ番頭白ねずみといはるゝ

三　ねづの南ンきん④むすめくらやみでさみせんをかぢる

四　ねずみ屋のよめしうとめの猫なで声をおそれる

五　黒あばたのあつげせうどぶねずみになる

だい六　なまかべし⑤ゆす⑥のおび夕だちにあふてぬれねずみになる

七　さいにちのかけもの⑦地ごくおとし⑧で見せつける

だい八　よし田町のおねずくらやみから出てきやくをひく

九　たてまへのねずハきみやうにはりをわたる

だい十　あてこすりの御ちそういやみ銀ざん⑨でしめる
だい十一　あたまのくろいねずみ手くせでしくぢる
だい十二　くるわのをけふせ⑩舛わな同ぜん
前ひがん二ノ十四　どうらく寺のねずみころもつかひこんでしだう金⑪にあなをあける
秋ひがん八ノ廿五　ねずみたけのすひものねこあしのぜんをはゞからず
土旺六ノ廿一　土用ばき⑫のてんじようはしり馬の音をさせる　（以下不明）

註①五行説にもとづいて金と水が合性のあること。②東京都台東区根津にある坂。③年玉。年賜、新年の祝儀。④南京鼠。明和の頃に輸入され見せ物となる。⑤塗りたてで乾いていない壁。⑥繻子・サテン。⑦祭日の掛物。⑧悪いことをすると地獄に落とされるぞと捕鼠器。⑨島根県大田市の石見銀山の砒石で作った殺鼠剤。⑩桶伏せ、江戸の吉原でなされた私刑。揚代を払えないと窓穴のある桶をかぶせて路傍にさらした。⑪祠堂金。先祖供養のため祠堂修復の名目で寄付する金銭。⑫土用掃。夏の土用のすすはらい。

面もかぶらず需に応じて作るとありますが、一体この作者は誰でしょう。印の絵柄は、四方の柱だけで壁がない小屋で亭（あずまや）。その上に三の棒と下に同じく三が二つあります。当時の人はこれで誰であるかピンときたのでしょう。天保頃の狂歌人や戯作者でそれらしき名を探してみると、山々亭有人というかなりの人気作家がいました。三が二つで山々そして建物の亭、おそらく彼でなかろうかと思いましたが、さて待てよ、この印はどこかで見たことがあります。私が見覚えがある位ですからきっと有名人だろうと、書斎の数少ない江戸文学の黄表紙類をペラペラとくりましたところ、なんとなんと、ありました。瀧沢馬琴！　曲亭馬琴の印の一つであります。

馬琴（一七六七〜一八四八）は江戸時代の大小説家、あの『椿説弓張月』や『南総里見八犬伝』の作者。伝記で調べると体軀強健、精力絶倫、博覧強記であったが、天保五年（一八三四）から眼を病み、同十一年正月に失明とあります。この大小はまさにその失明の年で、その後も筆を折らず嫁のお路に代筆させていたといいます。嘉永元年（一八四八）に八十二歳で病歿しましたから、これはその八年前、この頃は少し金に困っていたらしいので、あまり気乗りしないこんな雑文にも応じたのでしょう。ただしこの頃も出版統制令がうるさく、役人や政治を痛烈に批判すれば筆禍事件で獄門やら追放、過料に処せられました。しかしチクリとやらねば大衆には受けませんから、当時の作家も大変だったと思います。別にこの大小の内容ぐらいではどうということもなく、覆面せずに名を出せばよろしいのでしょうが、誰だろうかと考えさせるのも手の内だったか、それともサインの印で誰でも馬琴だとわかったのでしょうか。

絵は英泉画とあります。これもすごい、渓斎英泉です。文化文政より天保の浮世絵師で戯作者です。近世の藍摺の錦絵はこの人の工夫により流行したといわれていますが、この大小も藍摺です。

それではいったい、こんな人気作家や画家に注文したスポンサーは誰でしょう。残念なことに虫喰いで「不許翻刻千里一　文治」としか読めません。都市の金持で、知的レベルのよほど高い風流人だったのでしょう。

それにしても天保といえば今から約百六十年前、ここに描かれている道具類は、もう民俗博物館へでも行かなければ見られないものばかりです。

図145は、天保五年（一八三四）甲午《きのえうま》の大小です。

上　新年の御祝義申上候　こたび遠近の御富札ひろめ方のせわいたし候処　去暮より数々の当りもの有之《これあり》候　猶当千金の春と聞は縁山の千金を午としの午に付込　各様方へ差上度　当年の御札多少にかぎらず御求被遊可被下《おもとめあそばされくださるべく》候

以上　午のはつ春

駿府遠江川町御富仲買板本屋

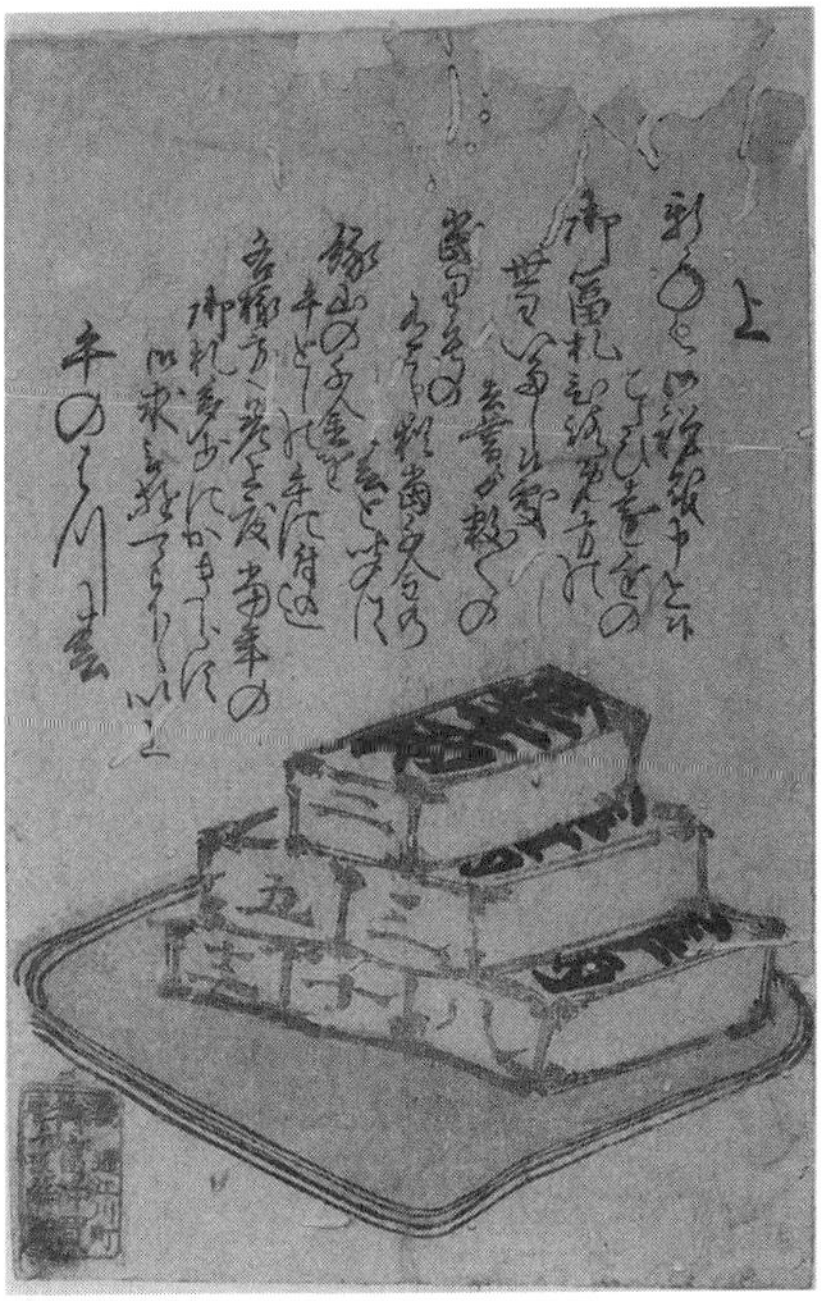

図 145　(12×18 cm)

図146は、今年もどうぞご贔屓にと、年頭御礼を申す大阪の金

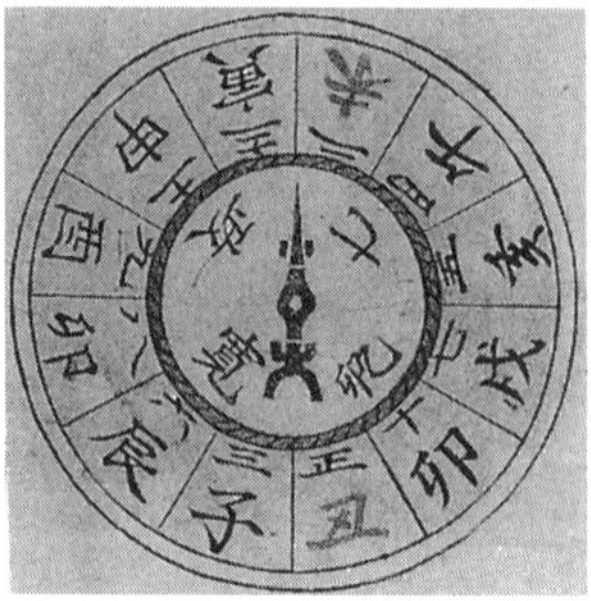

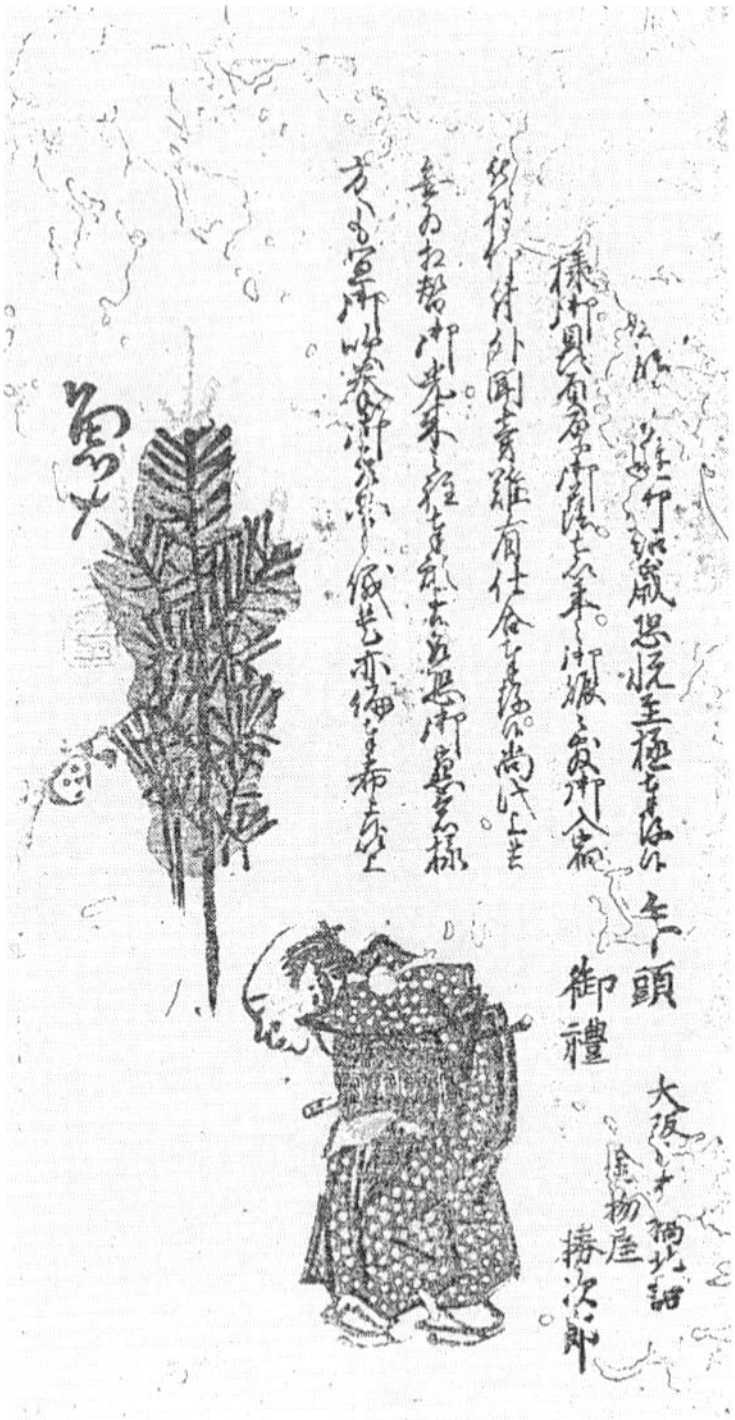

図147

図146　(10.5×18.5 cm)

物屋さんのPR大小ですが、人物の数字がはっきりしない出来の悪い作です。

図147は、寛政七年（一七九五）乙卯《きのとう》の羅針盤の大小。

図148は、天保十一年（一八四〇）庚子《かのえね》のものです。

京橋南天満丁坂本氏精製の御顔の薬、おしろい美艶仙女香、御志らがそめ薬、美玄香のコマーシャル入り。

浦島もくやまぬかみの艶油《つやあぶら》　若やぐ色にそめてうれしき　狂訓亭述　春暁

「このねずみざんをしへてくんなごしやうだよ」とありますが、大小は記されていません。大小類似略暦です。

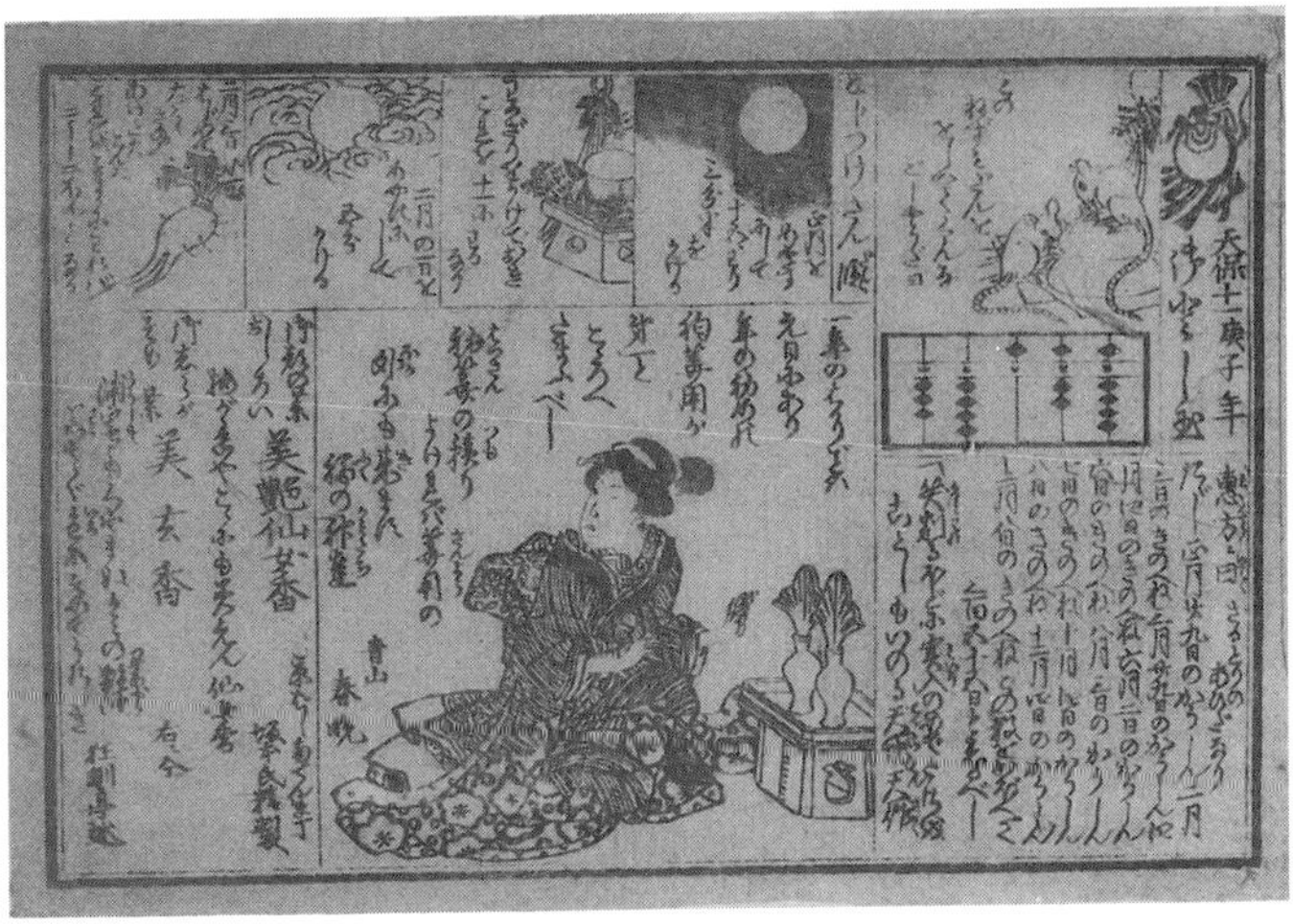

図 148　(16×11 cm)

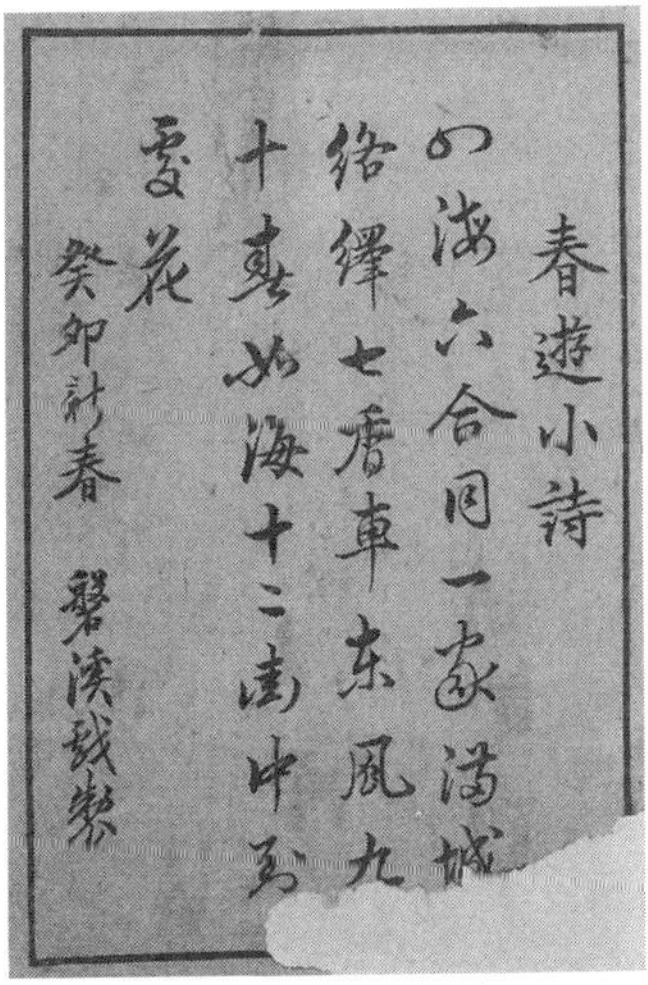
春遊小詩
四海六合同一家満城
絡繹七香車東風九
十春如海十二街中万
処花
癸卯新春　磐渓戯製

図 149　(10×15 cm)

図149は、天保十四年（一八四三）癸卯《みずのとう》の「春遊小詩」と題した漢詩仕立ての大小です。

四海六合同一家　満城絡繹七香車　東風九十春
如海　十二街中万処花　　磐渓戯製

詩の中の漢数字が小の月を表します。

図150は、天保十六年（弘化二年・一八四五）乙巳《きのとみ》の、「菊の寿」と題した「文溪堂」の青一色の大小

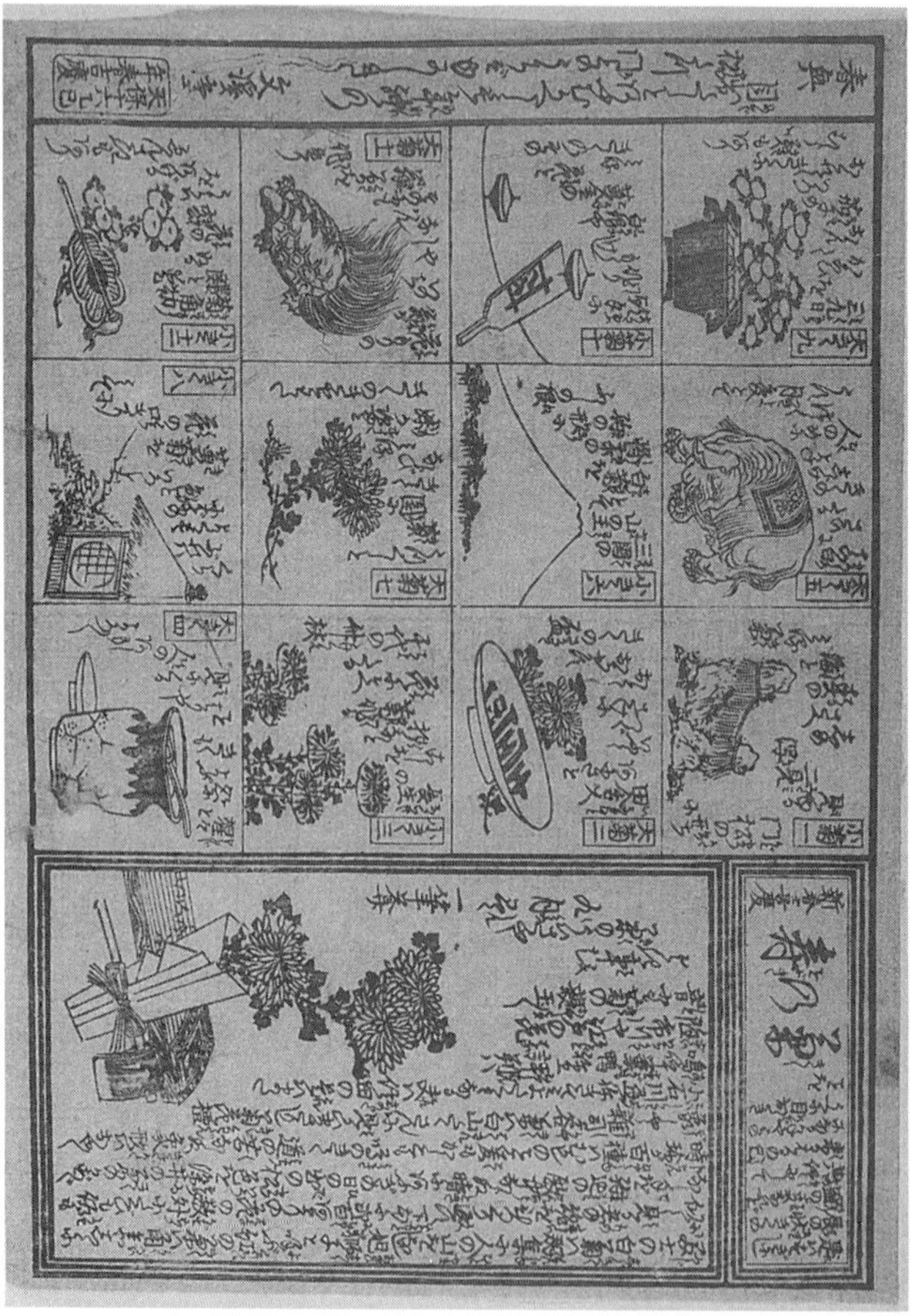

図150　(21×16 cm)

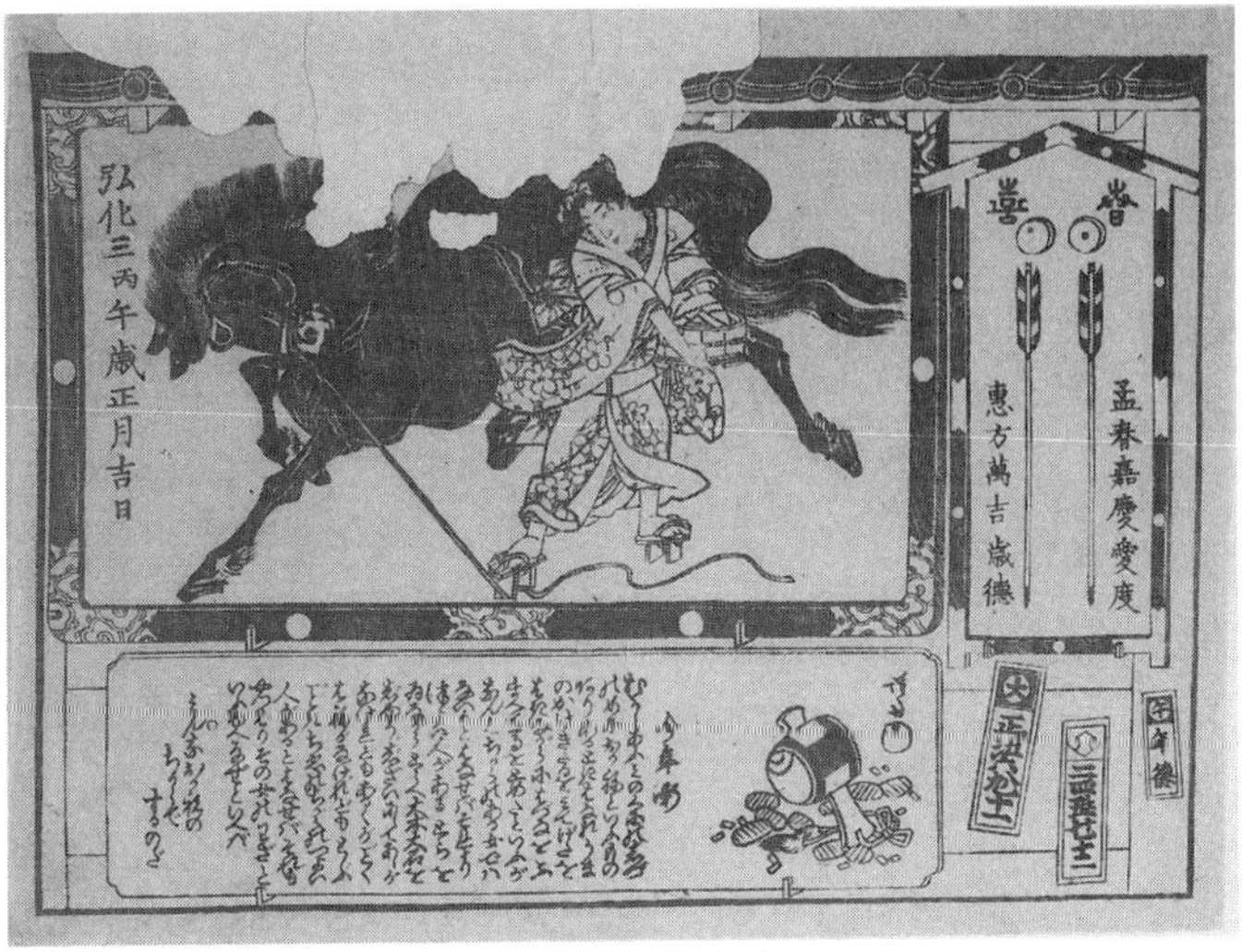

図151　(22×16 cm)

です。大菊、小菊と菊づくしです。

図151も青一色で、伝説の怪力無双の遊女「近江お兼《かね》」の絵馬の図。大と小は千社札《せんじゃふだ》に記しています。千社札というのは、各地のたくさんの神社や寺に巡拝する千社詣に持参して社殿に貼りつける紙札。安永の頃から流行し、自分の氏名、生国、店名などを書いたり図案化した木版刷のものです。矢と的の絵馬は、弓道で的中した矢と的を奉納したものですが、破魔矢の信仰もあったのでしょう。

この年のエトは丙午《ひのえうま》。読者諸氏はこんな迷信は信じないでしょうが、六十年に一回めぐるこの年生まれの女性は気性が激しく、亭主を尻に敷き生命を縮めさせるといわれました。これは江戸中期に盛んにいわれ、特にこの大小が出来た弘化三年（一八四六）に生まれた嬰児はたくさん間引きされたといいます。明治三十九年（一九〇六）もそれが原因でお嫁に行かれなかった人がいたそうですが、昭和四十一年（一九六六）も例年に比べ極端に出生数が少なかったそうです。この次の丙午《ひのえうま》は二〇二六年で、もうこんな迷信は忘れられているでしょうが、陰陽五行説で丙《ひのえ》は「火の兄」で午《うま》と同じく火性であり、陽の火が重なるから火災が多く、女性は気が強くなるというのです。そこへ八百屋お七がこの年の生まれだったという話が結びつき、亭主を喰い殺すとされたからたまりません。

午年ですから絵馬の図柄です。神の乗り物として生きた馬を神社へ奉納する風習は古くからありました。今でも伊勢の神宮には皇室から生きた神馬《しんめ》が内宮と外宮にそれぞれ二頭ずつ献進されていて、参道の馬小屋（御厩）に神の御料馬として飼養されています。この歴史は古く奈良時代からです。大昔は馬屋で飼われた神馬が、今はほとんどの神社で絵に描いた馬に代わってしまいました。そして絵馬には本来、馬屋にいた姿から屋根が付いた板に描かれています。これがさらに馬ばかりでなく、いろいろな絵や願い事を記して奉納する絵馬に変わりました。

話はそれてしまいましたが、弘化三年のこの大小には今年噺として力の強い女性のことが記してあります。昔、近江の国のお兼という女が、暴れ馬が駆けてくるのを下駄で手綱を踏んで止めたという話。これは有名な話だったらしくいろいろな本に見えます。丙午の迷信にはこの大小は触れていないものの、なんだか関連しそうな気もします。

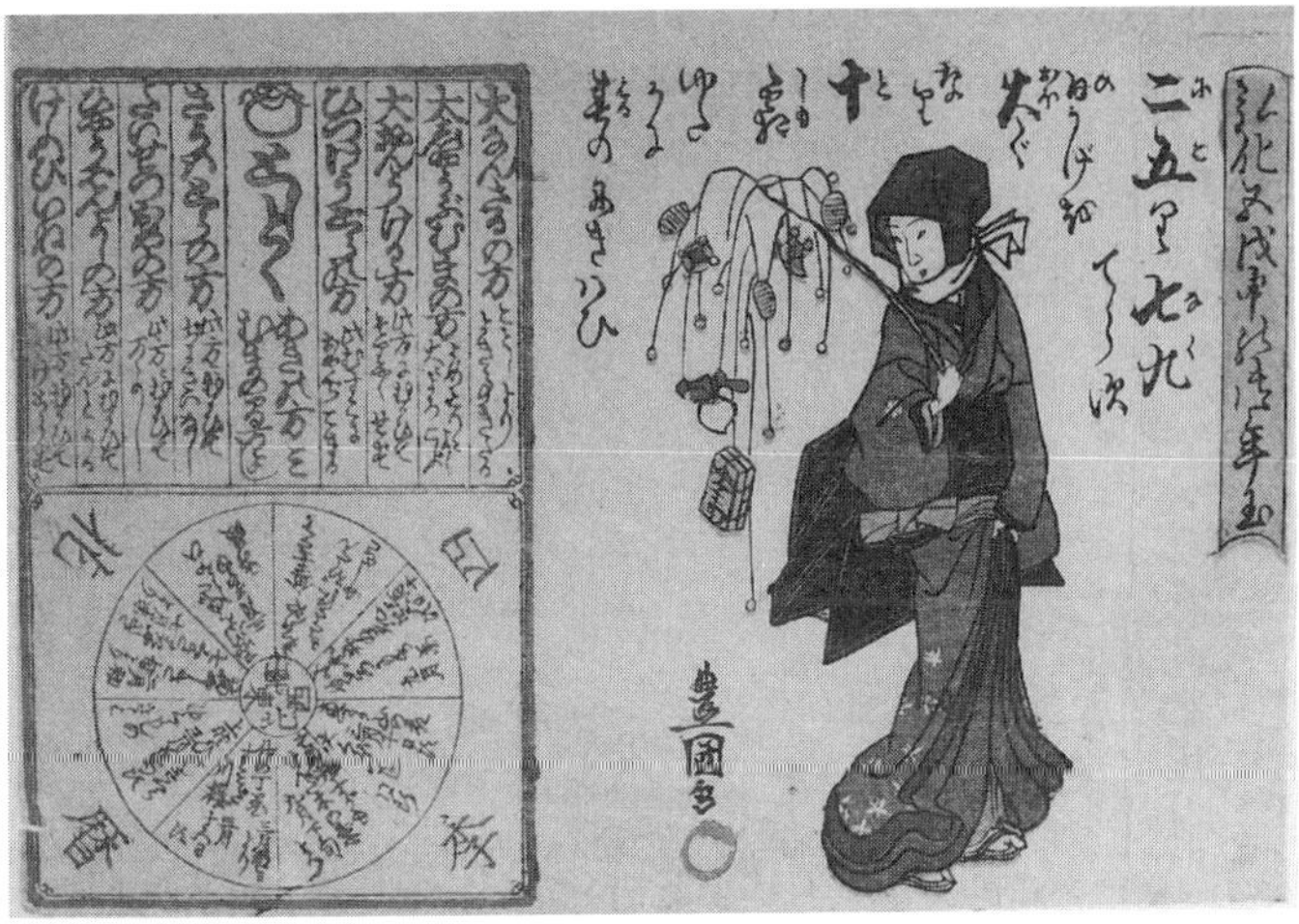

図152　(18×12 cm)

図152は、「弘化五戊申のお年玉」という大小です。

二五《にご》り七九《なく》てらす日《ひ》かげを大《おほ》ぐなり　十霜《としも》ゆたかに春のにぎはひ　豊国画

弘化五年（一八四八）は二月二十八日に改元して嘉永元年となります。大の月は二、五、七、九、十、十一。

御高祖頭巾《おこそずきん》をかぶる婦人が手にするのは正月の福飾り。おこそ頭巾は御高祖日蓮上人の像の頭巾に似るところからこの名があるともいわれ、江戸時代末期から明治初年に薄紫の長方形の縮緬の風呂敷のような防寒用の頭巾が、主に婦人に大流行しました。

この美人の顔には見覚えがおありの方も多いでしょう。浮世絵画家中で最高の製作数を有し、秘画もたくさん描いた三代目歌川豊国です。

天明六年（一七八六）生まれで、十五歳で一世豊国の門に入り、第一高弟となり、俳優の似顔絵も多い。私が特に馴染みがあるのは、秘画ではない方の「伊勢の海士　長鮑製の図」の作者だからです。この大小を描いたのは六十一歳の時ですから、今の私と同年というわけ。それにしては若さが感じられる画です。彼は元治元年（一八六四）七十九歳まで長生きしましたから、まだまだエネルギーに満ちていたのでしょう。

大なんさるの方、ことしよりよき事きたる。大じやうぶむまの方、よめとりによし、大によろこぶ。大おんうける方、此方にむかひてそりやくせず。ひつけうどらの方、此むすこにおやぢこまる。としとく、あきの方みうまの間万よし。さうはとらの方、此方にむかひてぢよさいなし。たいせつおやの方、此方にむかひて万たのし。ひやうばんよしの方、此方にむかひてたんとうる。けふびいぬの方、此方にむかひてかけとらず。

また「四季花暦」として、上野ひがんざくら、渋谷金王ざくら、飛鳥山の花などと見えます。

図153も三代目豊国筆。大黒天が託宣します。これも弘化五年戊申《つちのえさる》春（一八四八）の大小です。

正直《ぢき》なればおのづから過《あやま》ち小《すく》なし
二親《ふたおや》の命《おほせ》をそむかず大切《たいせつ》にすべし　甲子二十日
三徳《とく》をそなへざるは小人《せうじん》なり

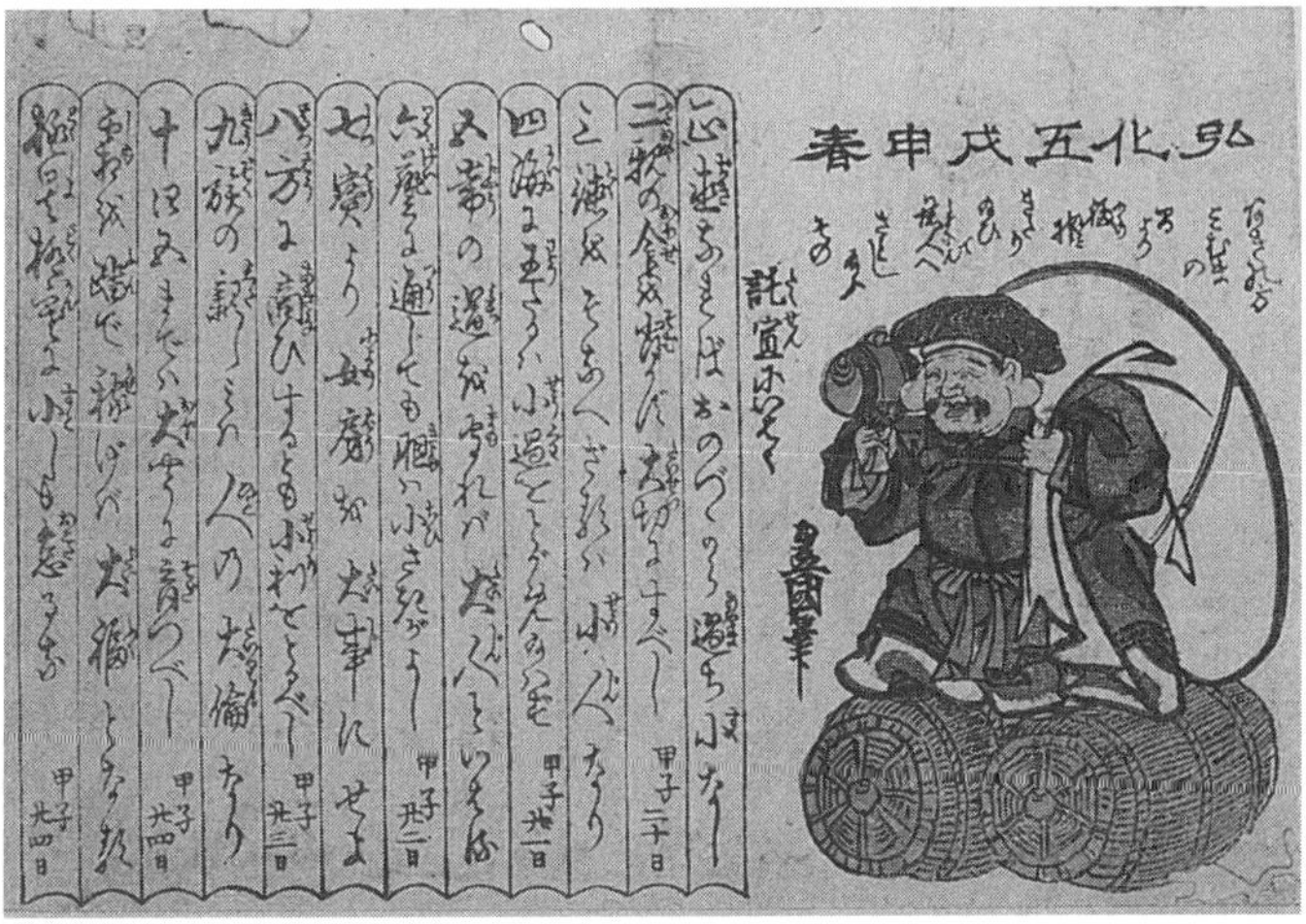

図153　(18×12.5 cm)

四海《かい》に王《わう》たるは小過《せうくわ》をとがめゐはず　甲子廿一日

五常《じやう》の道《みち》を守《まも》れば大人《たいじん》といはる

六芸《りくげい》に通《つう》じても胆《きも》は小さきがよし　甲子廿二日

七宝《しつぱう》より女房《にようばう》を大事《だいじ》にせよ

八方《はつぱう》に商《あきな》ひするとも小利《せうり》をとるべし　甲子廿三日

九族《きうぞく》の親《した》しみは人《ひと》の大倫《たいりん》なり

十四五までは大《おほ》やうに育《そだ》つべし　甲子廿四日

霜《しも》を踏《ふん》で稼《かせ》げば大福《だいふく》となる

極暑極寒《ごくしよごくかん》に小《すこ》しも怠《おこた》るな　甲子廿四日

まことに結構なお教えです。甲子《かつし》の日を記していますが、甲子は庚申と同じで甲子待とか甲子祭《きのえねまつ》りといって大黒天を祭る日でした。

図154は、同じく弘化五年（嘉永元年・一八四八）戊申《つちのえさる》、漢詩仕立ての大小です。

戯ニ題二猨舞ノ図一　正是狙公養フ二小猴ヲ一　朝三暮四亦恩優ナリ　何須ヒン六律八音ノ節　十二時中舞テ不レ休マ

戊申元日攀樹仙史

図155も弘化五年（嘉永元年・一八四八）戊申《つちのえさる》の大小。歌舞伎の「暫《しばらく》」のイラストです。

図156は嘉永二年（一八四九）己酉《つちのととり》とある和歌仕立ての大小です。

当春は小金の原ニ御《お》四《し》壬四《し》狩《がり》　六かしも今八霜《しも》も賑ふ　松雲山人

図157も同じく嘉永二年（一八四九）己酉《つちのととり》の大小です。

これは104頁の力石の大小と同じ年で、同じ作者、玉石子の作。福神の教えを記しています。大黒さんと恵比須さんに配されている数字を探してお楽しみください。右隅の下に「禁売買三百枚限絶」とあり、三百枚を刷ったとわかります。まあ年賀状を出す数と同じぐらいでしょう。

それ人は大黒《だいこく》の子《ね》に臥《ふ》し、毘沙門《びさもん》の寅《とら》に起《おき》て、弁天《べんてん》の巳《み》をはげみ、寿老《じゆらう》の親《おや》を尊敬《そんけう》し、布袋《ほてい》の児《こ》を愛《あひ》し、家内《かない》むつまじく、商《あきな》ひの恵比須《ゑびす》をまつり、福禄寿《ふくろくじゆ》の三《み》つをたもつべし。

一口《ひとくち》の示《しめし》をよくぞ守れかし　田字《でんじ》こやして福《ふく》を得《え》たまへ

図 155　（模写）

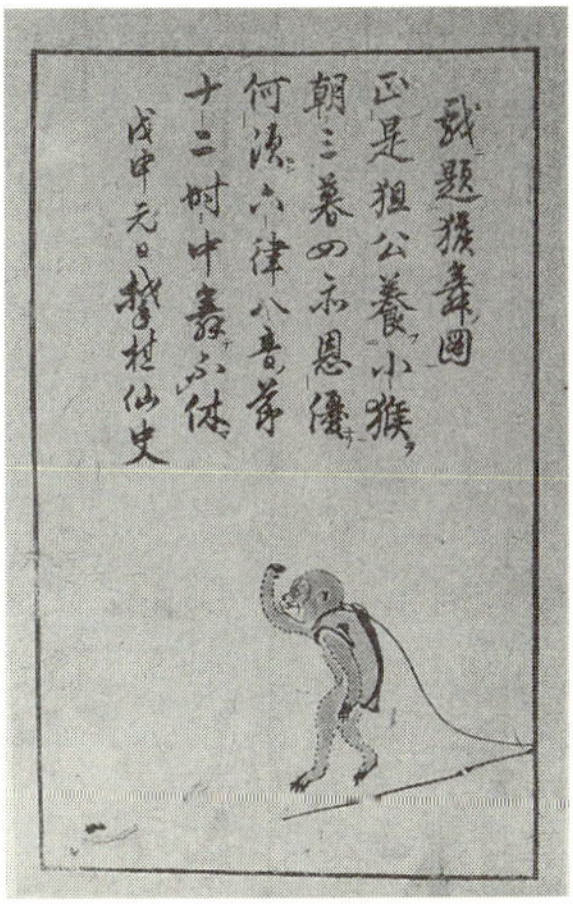

図 154　（11.5×18 cm）

図 157　（18×24 cm）

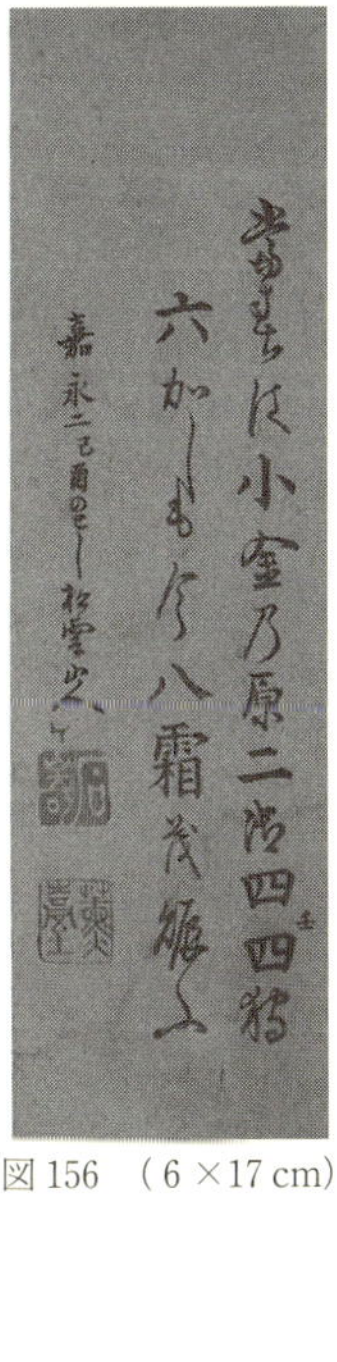

図 156　（6×17 cm）

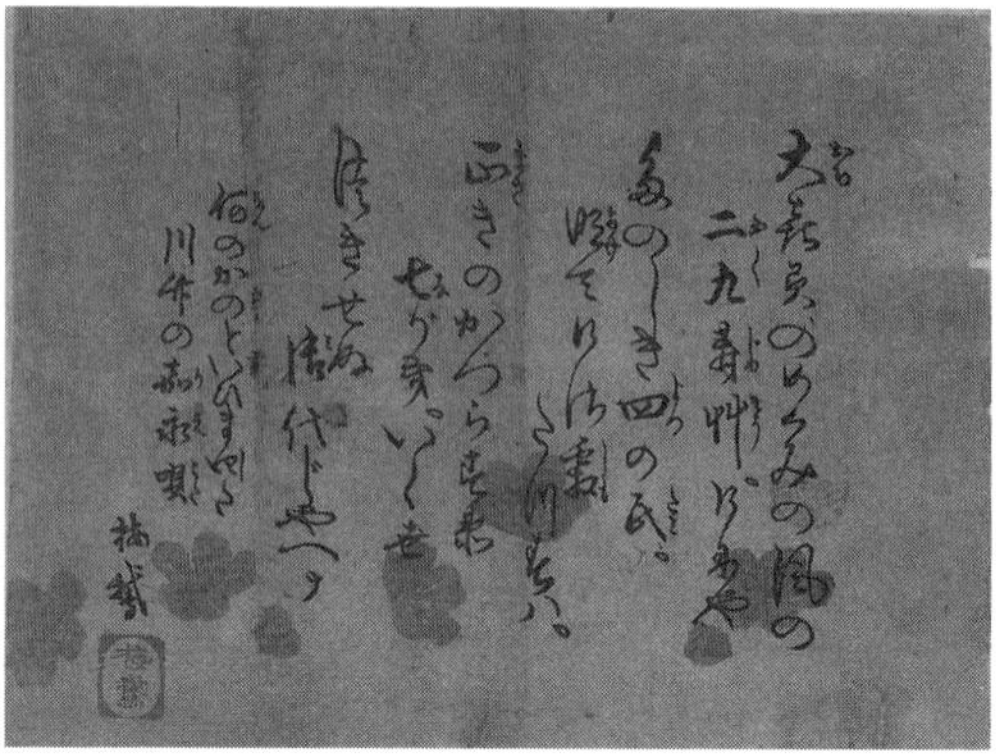
図158　(20×14 cm)

図158は、嘉永四年（一八五一）辛亥《かのとい》の大小。
大《おほ》きみのめぐみの風の二九寿草《ふくじゆそう》、げにやたのしき四《よつ》の民《たみ》、明《あけ》てけさ霜《しも》たつ春は、正《まさ》きのかつらする七《な》がき、
いく世つきせぬ御《み》代じやへナ
何《なん》のかのと《辛》い《亥》ひま四《し》た　川竹の嘉永唄《かえうた》　梅鶯
川竹とは浮き沈みの定めなき遊女の身の上、その替え歌ともじってあります。

図159は、嘉永五年（一八五二）壬子《みずのえね》。

「有閏十三月御《うるふあつてじうさんつきのご》調法《てうほう》　十三段つづき」という芝居番付風略暦です。


図160は、「嘉永六 癸丑《みずのとうし》の春興《しゅんきょう》」（一八五三）という大小です。

恵比寿さんが釣り棹で「金の成る木」のめでたい掛軸を釣り上げた。大判、小判が降り大黒さんが大黒舞をいたします。

大黒木の黒字が大の月、睦つ木（一月）、師はすつ木（十二月）などと、月と木をうまくかけ言葉

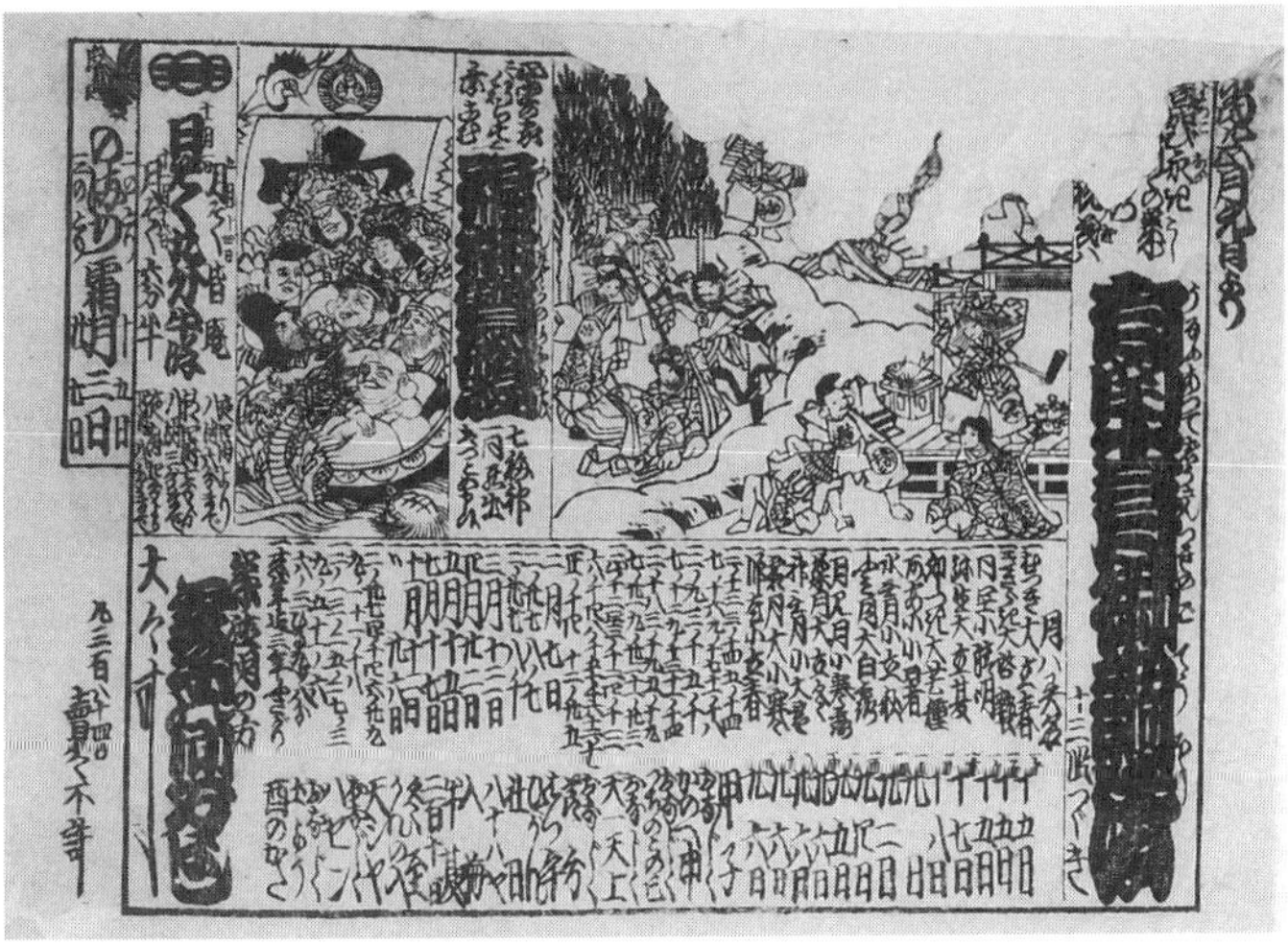

図 159　(24×16 cm)

にしています。褪色して読めませんが朱色が小の月。軸のサインは「金鵞」。印は打出の小槌で金が降るとの意もあるでしょう。

「のし　御とし玉　鶯斎梅児画」とあり、印は梅花の中に児の文字。鶯斎という画家は国芳の門人で嘉永から万延の人、梅之本や梅里の号もあります。『浮世絵人名辞典』で調べてみれば梅亭金鵞作の滑稽本「好竹林話」の挿絵を書いています。私は軸の金鵞は謹賀のしゃれと思いましたが、そうではありませんでした。『浮世絵類考』ではこの時代では「拙き方なり」と手きびしいですが、本名は瓜生政和という戯作者、明治になって「団々新聞」の主筆として才筆をふるったといいます。

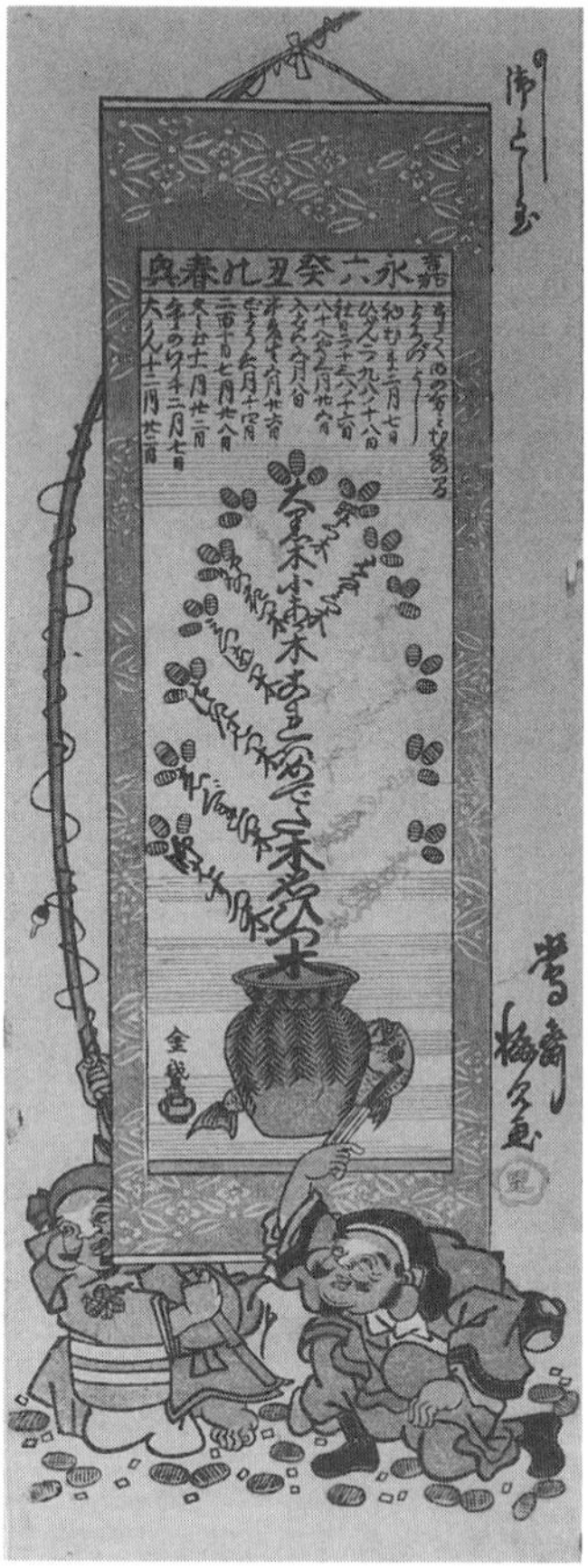

図160　(9.5×25 cm)

図161は、嘉永七年（一八五四）甲寅《きのえとら》の大小。

わかゑ《嘉永》びす七《七》福みきの《甲》ゑ顔して機嫌をとら《寅》ぬよひおとし《年》玉　砂楽哉

嘉永七年は十一月二十七日に安政元年と改元。

一《小》、二《大》、三《小》、四《大》、五《小》、六《大》、七《大》、七《閏小》、八《大》、九《小》、十《大》、十一《小》、十二《大》の配列でした。

正面と見立　小声で客かうし　大や寿

二《ふ》ところは大じごんせんぞへほむま　よほどあつめな見かへりのかん

三《さ》むからぬ様に召ませ夜の小《こ》ぶね

しやも（軍鶏）喰てこ大られぬと鍋この巳

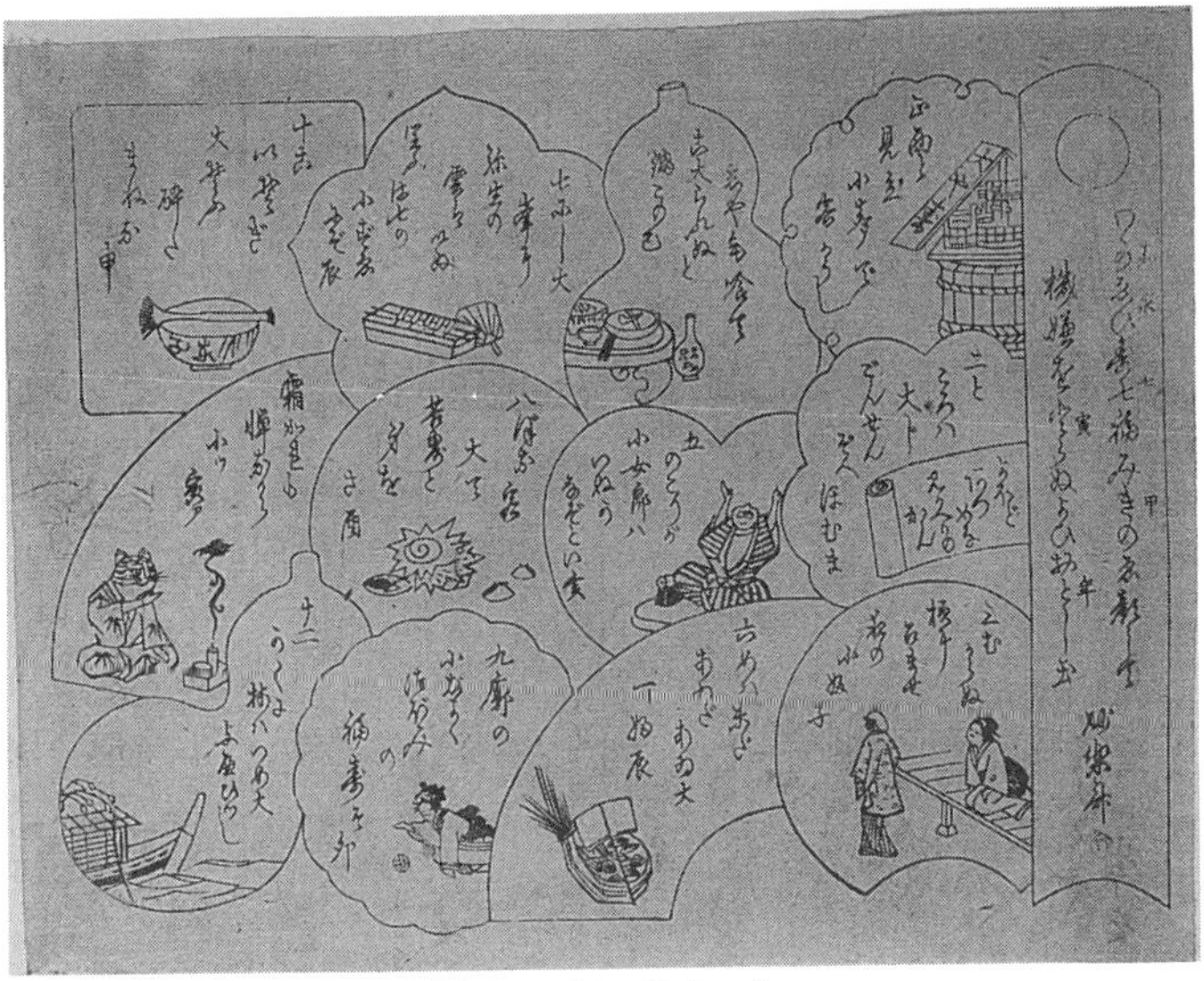

図161　(20×15.5 cm)

五《い》のこりが小女郎はいぬかなぞとい亥《い》
六《む》めはまだあゐだあゐ大一《だひ》トふ辰《たつ》
七《な》にし大峯に弥生の雲はいぬ閏ふは七
の小ずゑにぞ辰
八《や》ぼな客大《だい》て苦界と身をさ酉《とり》
九廓の小じよくつぼみの福寿そ卯《う》
十《と》こいそぎ（床急ぎ）大そふ酔たまね
な申《さる》
霜がれも憚《はばかり》ながら小ッ寅ァ
十二《とに》かくに材はつめ大《たい》まへ（積めたい
前）びッし

次は図162の大小です。

亀の尾とともにいのちも春の日も　皆
嘉びの永き七とせ

亀が寿の字の盃をくわえています。亀は

図162　(17×11 cm)

酒が好きといわれます。寿の字は大の月で構成され、寅とあります。

「嘉《よろこ》びの永き七とせ」ですから、嘉永七年ですが、改元されて安政元年（一八五四）甲寅《きのえとら》となりました。

大小の終焉

図163は、「大毘沙門天　△小《(正)》ぢきものへ　福徳《ふくとく》の利《り》を教《おしへ》玉ふ」という大小です。

ビシャ　これこの春は宝の入船があるから大き二四《にし》合《あはせ》がよいぞ

△それハはやありがたい　その正小《せうこ》を三《み》たいものでム《ござ》り升《ます》

ビシャ　まづ商売《しやうばい》をどんどんさせるは朝《あさ》の六《む》つからおきて七《な》んでも八《は》たらく十《と》　其身《そのみ》の出世《しゆつせ》家内十二《かないぢうに》てのよろこびになる

△ハイハイ五教《ごきやう》くんにしたがひまして家内《かない》の閏《うるお》ひになりくらふもいたしませぬ　なるほど上《かみ》でも霜《しも》でもかかせがねば成《なり》ません

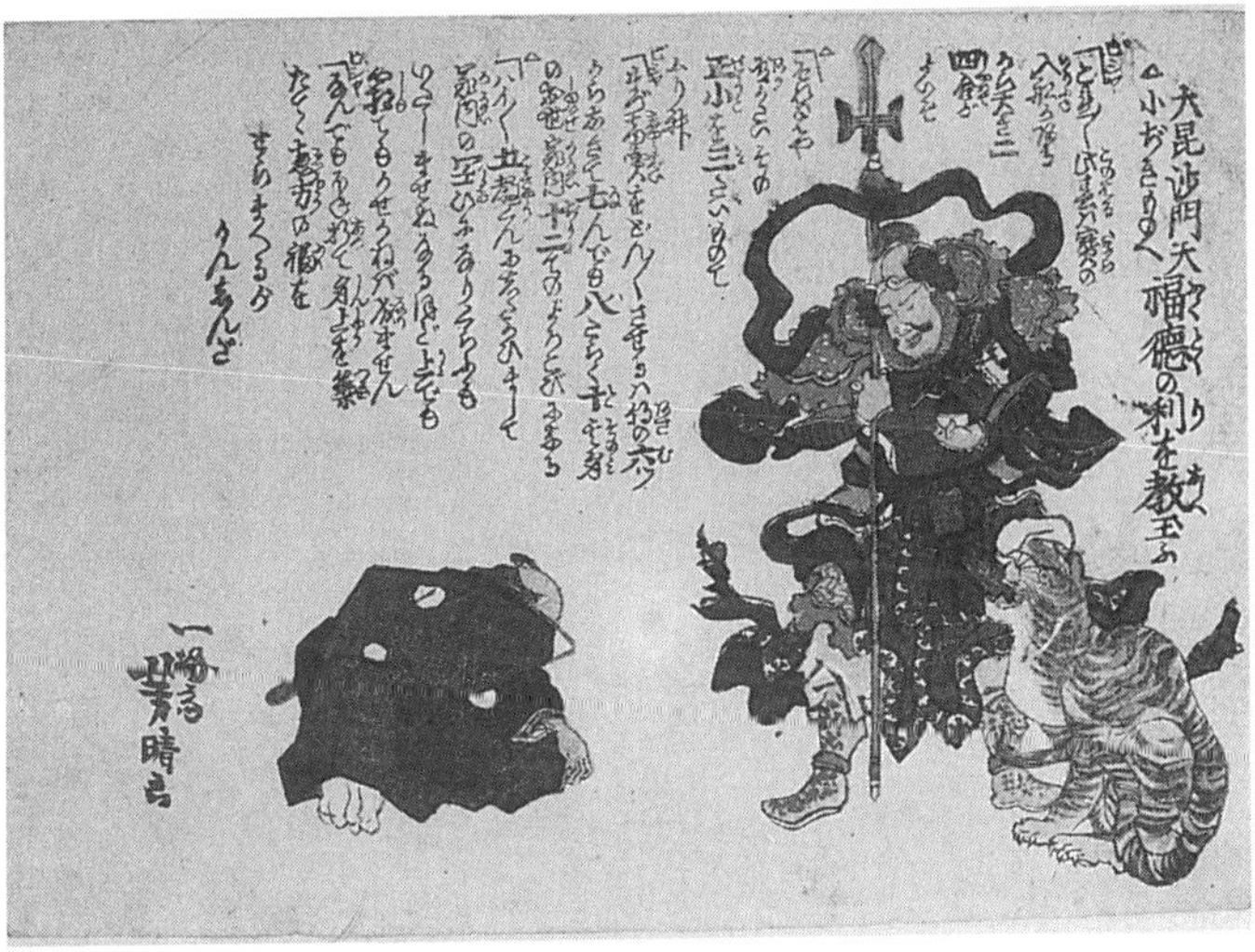
図 163　(12×17 cm)

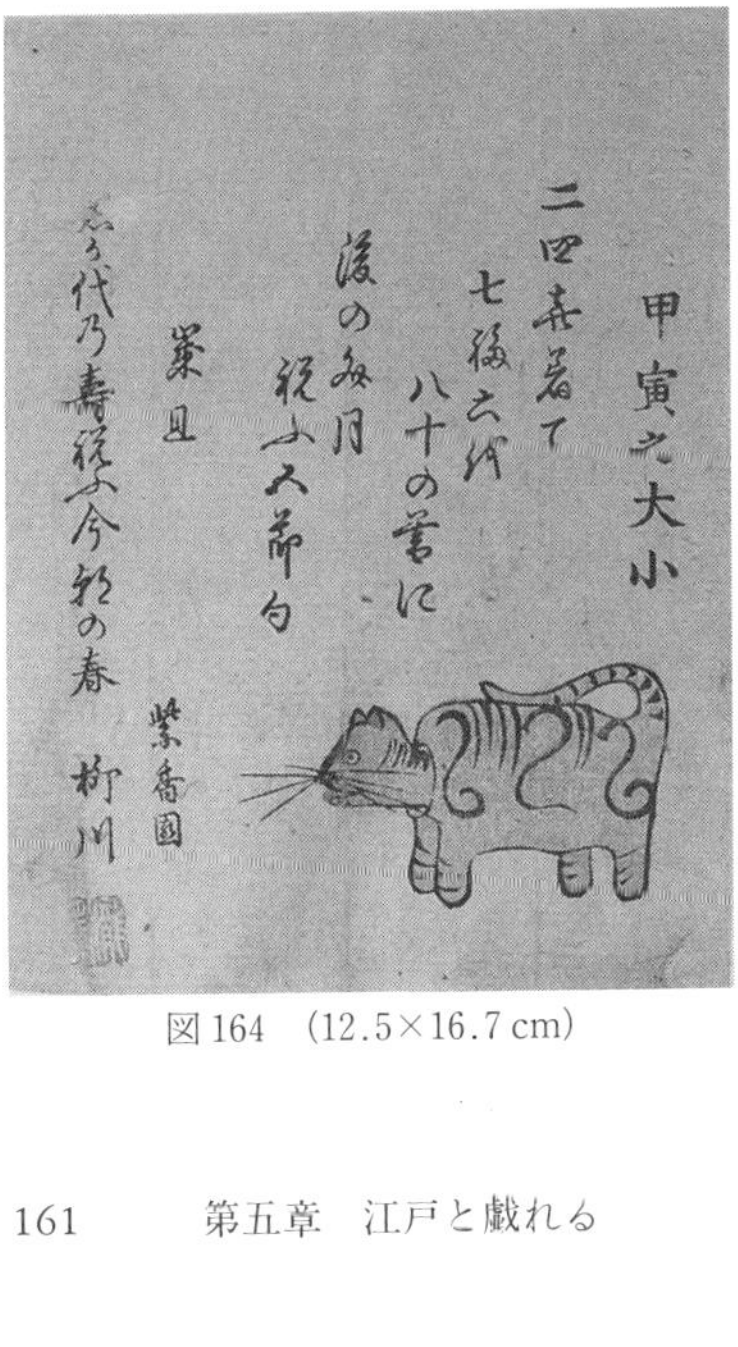
図 164　(12.5×16.7 cm)

ビシャ　なんでもはね折《おっ》て身上《しんしやう》を築《つき》たて
て恵方《ゑほう》の福《ふく》をとらまへるがかんじんだ

一梅斎芳晴画

大毘沙門天が正直者へ教え給うこれは安政元年（一八五四）甲寅《きのえとら》。一梅斎芳晴は、本名生田幾三郎、後に芳春と号し明治まで生きた江戸っ子でした。

図164は「甲寅之大小」です。

二四き着て七福六を八十の暮に後の文月
祝ふ五節句　　紫香園

歳旦
君が代の寿祝ふ今朝の春　柳川

これは出来が悪い。大か小かを示していません。甲寅とありますから嘉永七年（安政元年）でしょうが、それなら後の文月を閏とし、五節句の月と十一月が小だとすべきで意味もあいまいです。

図165も同じく安政元年（一八五四）甲寅《きのえとら》の

図165
(17.5×10 cm)

図166　(模写)

大小です。

張り子の虎の頭に正、体に三、五、壬七、九、十一、そして小とわかりますが、版がかすれ褪色していて、歌は「波連」と「ふらぬ極月」と読める外は不詳。

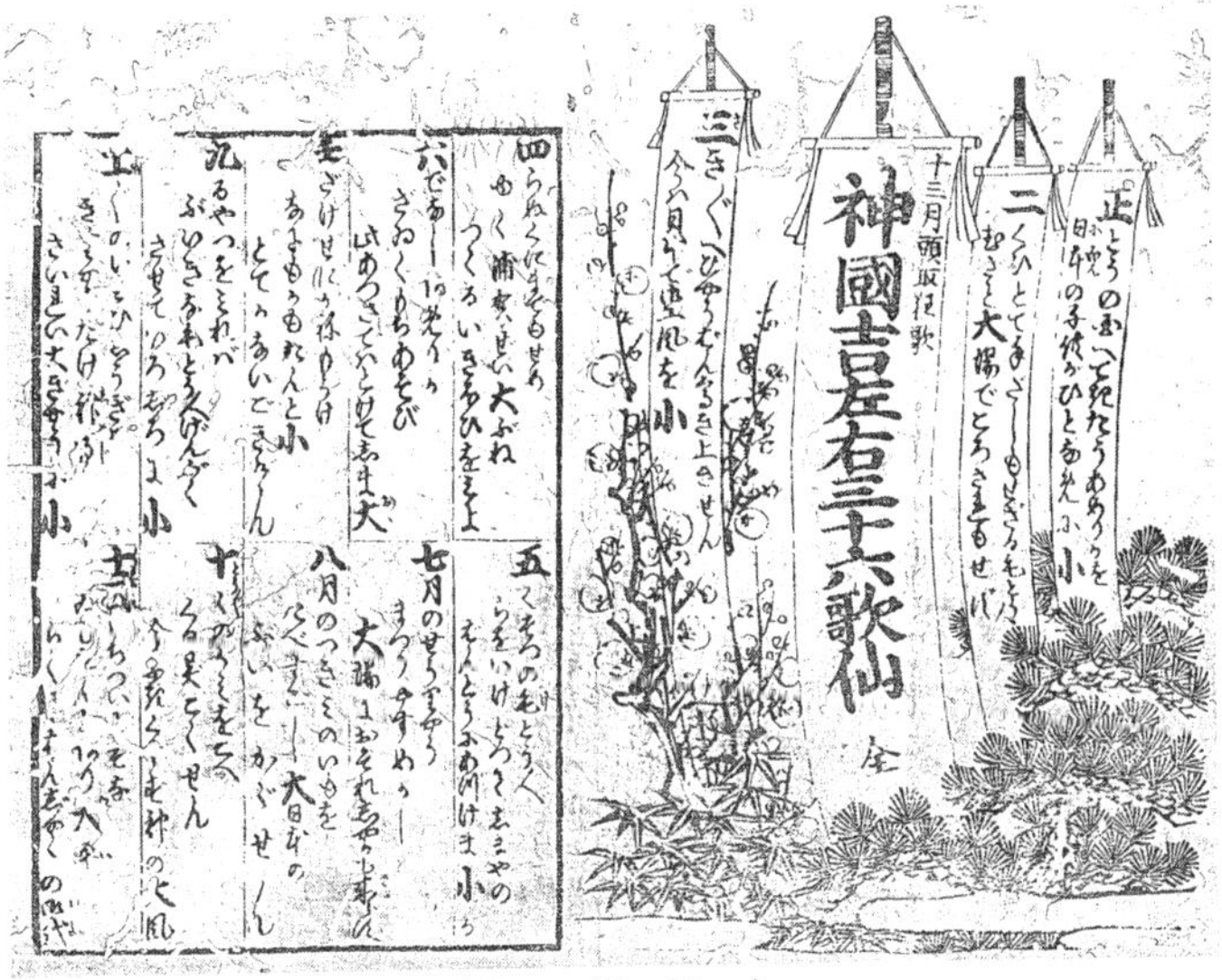

図167　(21×18 cm)

次の図166も嘉永七年（一八五四）甲寅《きのえとら》の大小です。
大の月の数字で作った寿の文字と、小の月の数字で作った虎の絵が、凝っています。

次は図167です。
十三月頭取狂歌
　神國吉左右三十六歌仙　全
正とうの国へてきたうあめりかを日本の子供がひとなめに小
二くひとて手だしもせざる毛とう人むざと大場(台場)でころされもせず
三《さ》きぐ〵へひやうばん高き上きせん(蒸気船)今は日本で御工風(ママ)を小
四らぬくにまでもせめゆく浦賀ぜい大

ぶねつくるいきほひをみよ
五くそつ《（獄卒）》の毛とう人らをいけどつてしまやのばんとうにあづけま小か
六でなしあめ《（飴）》りかざゐくもちあそび此暑さではとけてしま大《おゝ》
七月のせうりやうまつり《（精霊祭）》やすめかし大場《（台場）》におそれしやかも来《きた》らず
壬《うるう》だけぜにかねもうけなにもかもたんと小とてかないごきげん
八月のつきみのいもをたべすごし大日本のぶい《（武威）》をかがせん
九るやつをみればぶいきな毛とう人げんぶく《（元服）》させていろじろに小
十々《とうぐ》のうみをこへくる異こくせん今ふきくずす神の大風
十一ぐ〱《しも》のいはひしうぎできるだけ神事さいれい大ぎように小
十二〔虫喰〕大平らく□ばんじやくの御代《みよ》

大小年号早見表で調べるとこの配列はすぐわかります。七月に閏の小の月があるから十三月の頭取りの大小狂歌というわけで、嘉永七年、十一月に改元された安政元年（一八五四）甲寅《きのえとら》です。

ペリー再び来泊、三月には日米和親条約締結。プチャーチンも再来、吉田松陰、佐久間象山投獄。天皇は七社七寺に攘夷祈禱、伊勢の神宮でもたびたび異国船御祈、寺院の梵鐘を銃砲に改鋳する太政官符が下されます。神国吉左右《きちぞう》さんも勇ましく攘夷論。異国船の毛唐人をお月見の芋を食べた屁や神風で追い払おうと太平の世を願い祈ること、笑いながらも切実です。

図168は、安政二年（一八五五）の「乙卯略暦流行もの」という大小です。
小《こ》さいに出たアメリカ人の正写し　伊勢二似た大蔽《へい》の踊り　三座の役者小ことなしの旅行　〔四〕詩歌書画の小集　五す染つけの小猪口　〔六〕大島の武者ばかま　小七ッから法螺貝の音　豊後大掾の八犬伝　異国つ九りの大船　素人十人組小りる連はうたの寿　〔霜〕下屋舗大庭の調練　極上白小豆《あん》の烝もの

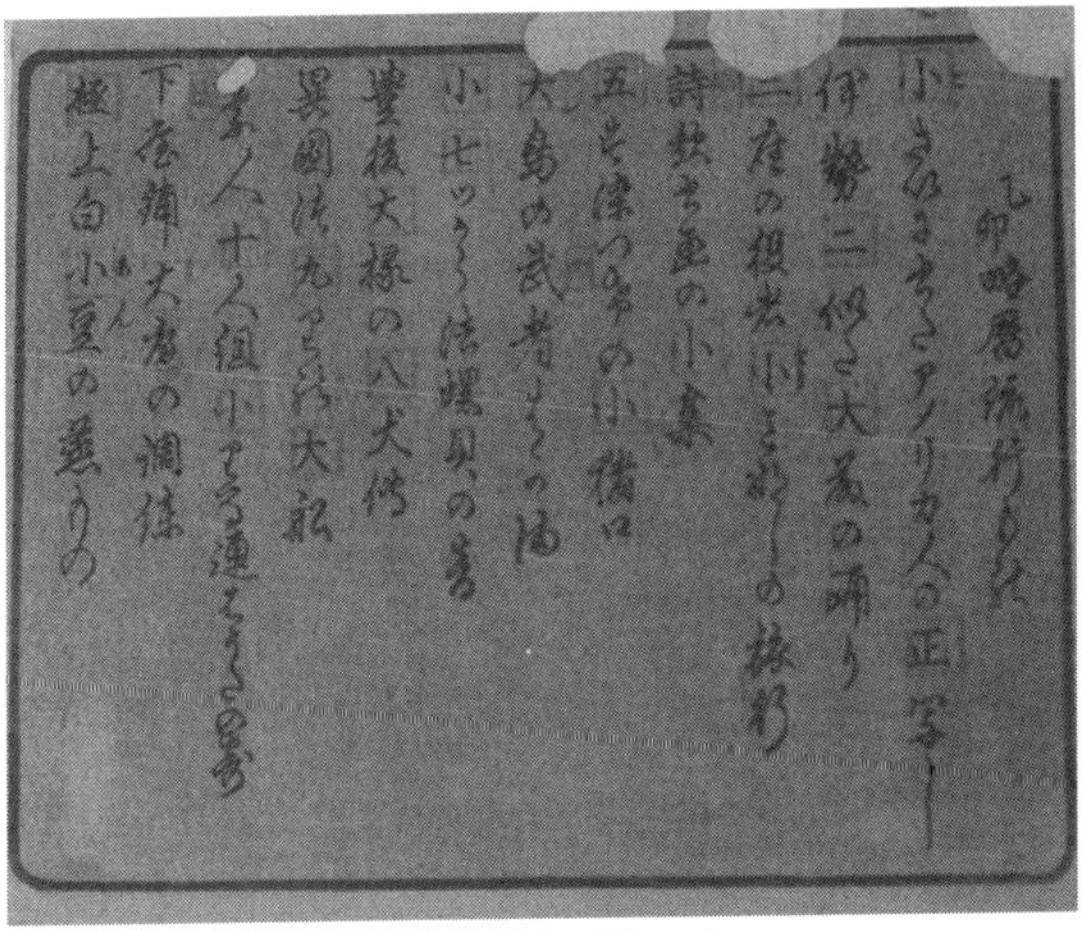

図168　（12×9.5 cm）

図169も、安政二年（一八五五）乙卯《きのとう》の大小です。

安政二乙卯とし

(1)小月や福引にとるはりこ丑　(2)太鼓うちつれて行初の午　(3)小供連花見なごりやくれのか子《ね》　(4)小鰹もてつぺんかけに味ひ巳　(5)大のぼり飾る小き（鍾馗）にくるふ戌　(6)大暑でも祇園祭りでいさみ辰　(7)小家へも施餓鬼参りて内に戌　(8)太平の御代や月見を舞ひうた卯　(9)大団子つくとて兎杵を酉　(10)小坊頭が陀ら尼

会式の噂い卯　⑾大熊手是は縁記と直《ね》がま申《さる》　⑿小もかぶり居て年を祝ふ寅《どら》　零半戯作印

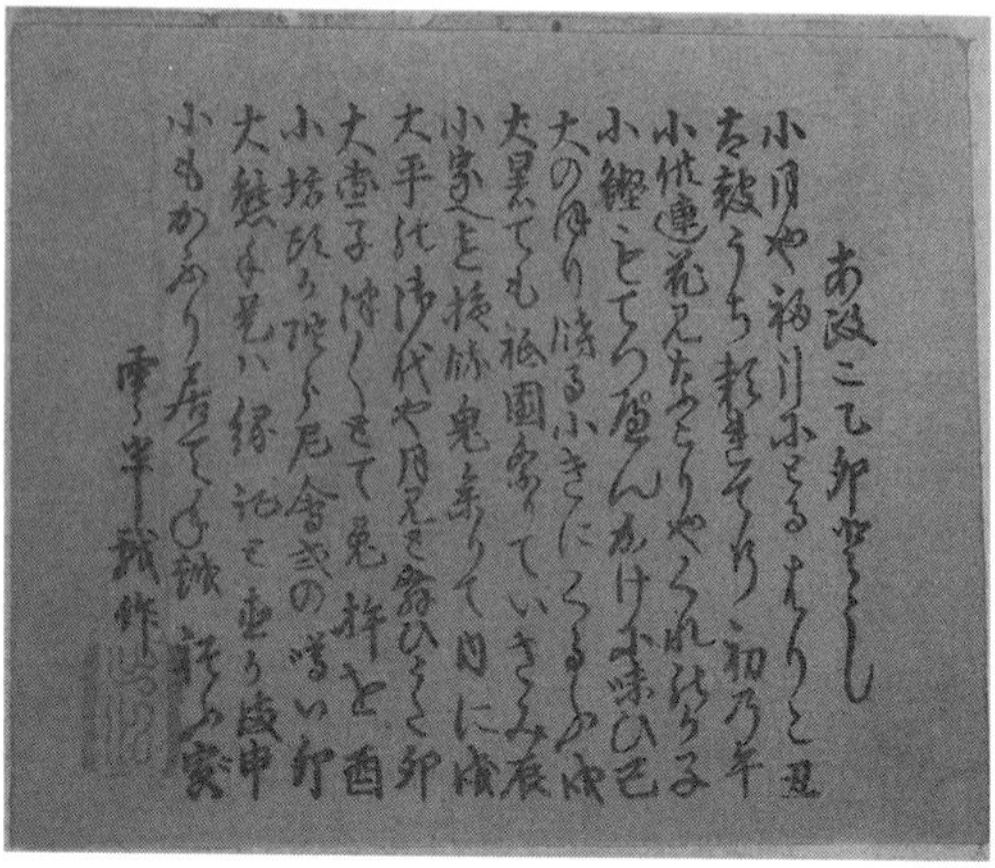

図 169　(11× 9 cm)

図170は、安政三年（一八五六）丙辰《ひのえたつ》の「辰とし流行略暦」という大小。

芸人正ことなしの大坂登り　小声二て鐘のうはさ　豊後小式部の三番そう　読切はな四の

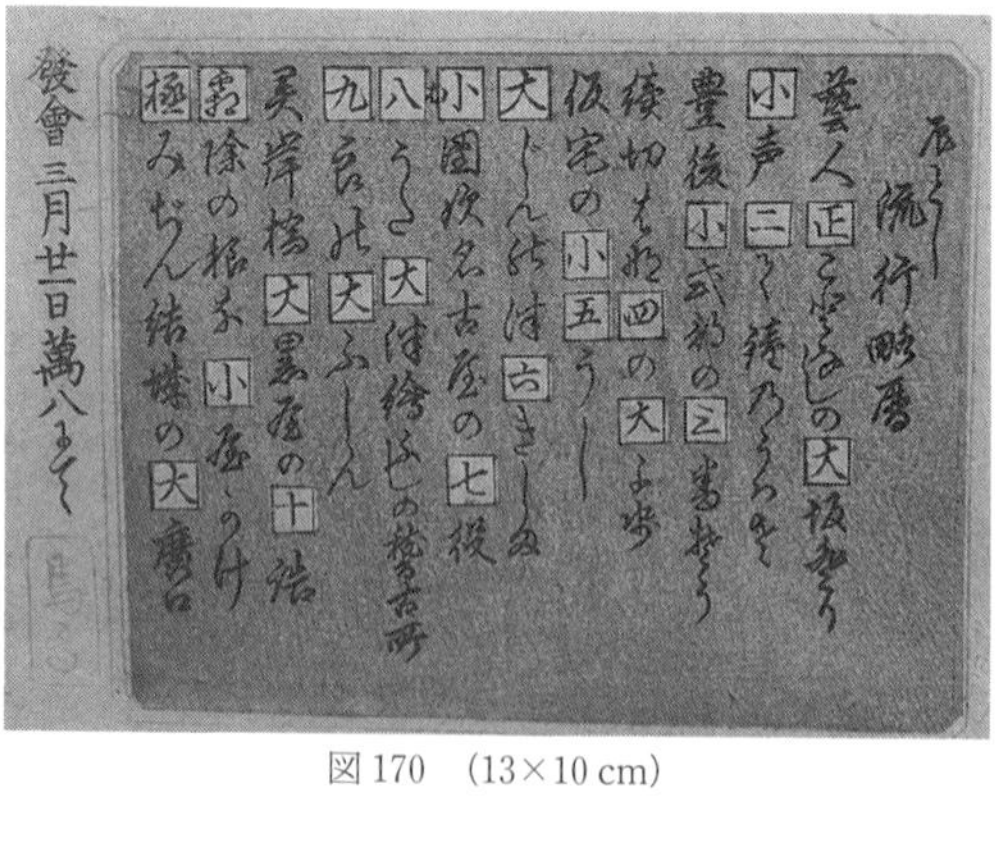

図 170　(13×10 cm)

大よせ　仮宅の小五うし　大じんのつ六ぎじま
小団次名古屋の七役　八《は》うた大津絵ぶしの稽古
所　九らの大ふしん　霊岸橋大黒屋の十詰　霜
除の様な小屋かけ　極みぢん結城の大広口

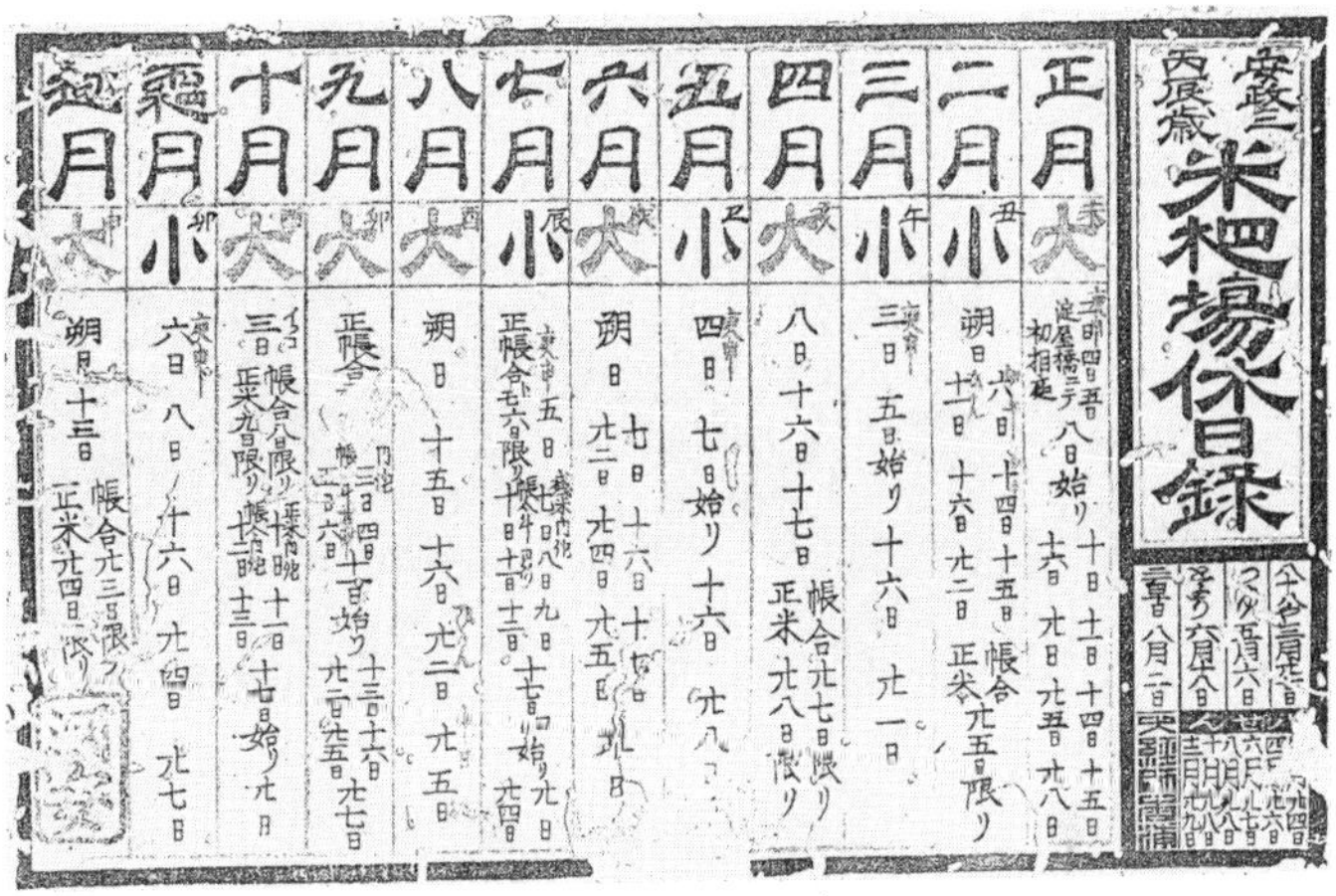

図171　(23×16 cm)

青地に黒と赤の文字ですっきりした色彩です。

図171は、安政三年（一八五六）丙辰《ひのえたつ》の「米相場休日録」です。

各月の大小と予定表がセットになっています。黒と赤との二色刷です。

図172は、安政四年（一八五七）丁巳《ひのとみ》の「略暦丁巳」という大小です。

五九らく二暮せこと霜六め八なき

梅花木か梅柳か。瓢簞の口から大の字に酒が吹き出し俳句に大の月、酒器に小の月。まあいい気なもので

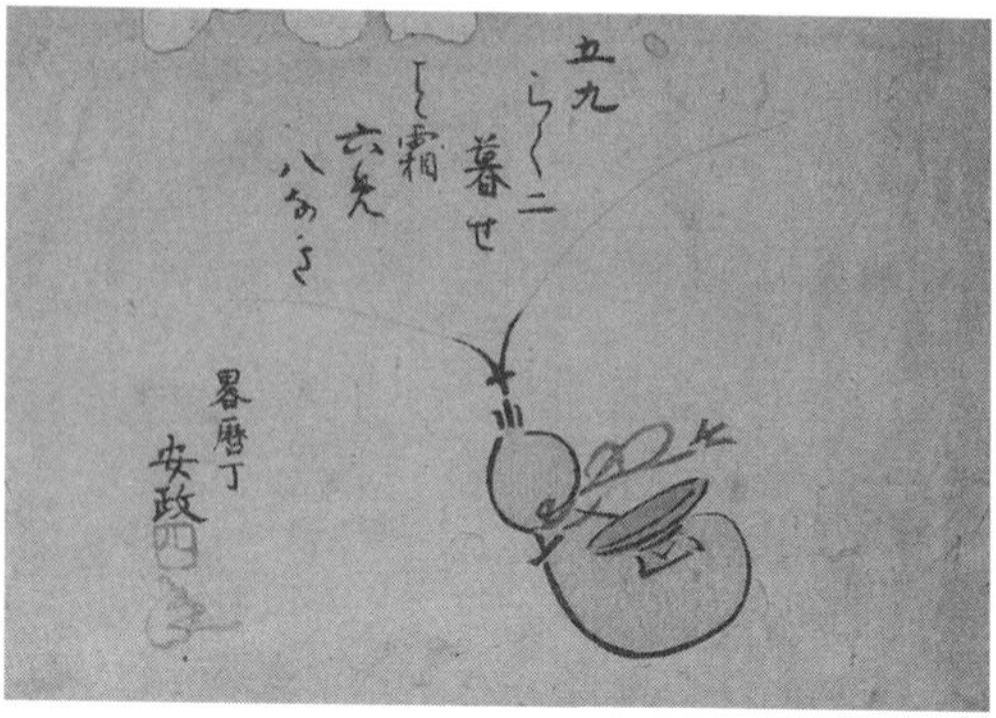

図 172　(18×12.5 cm)

図 173　(19×15 cm)

す。「安政四年」の「年」の印が蛇になり、略暦丁と丁巳の歳を示す心配りがしてあります。

次は図173の大小です。

箕《み》で斗《はか》るほどに成り度御慶かな　　みのとし　南峨印

巳《み》の年ですから農具の箕《み》を描いています。箕は、穀類をあおって殻や塵などを分け除くのに用いますが、年中行事の供物をする具としても用い、良いところを取るの意もあるのでしょう。安政四年（一八五七）丁巳《ひのとみ》のもの。

図174　（13×９ cm）

次は図174の大小です。

醒言勿狂意駒　白粉花争酔人

右無扁為大月　辛酉　兎山筆

「お酒が醒めてから言ったってだめよ、しょせん狂ったちっぽけなこと。お白粉《しろい》つけて花つけて、酔っぱらいと争ってもむだなこと」こんな訳をつけてみました。艺は花の俗字です。扁の無い字が大の月というのですから、「言勿意白争人」が大でしょうか。十二の漢字は順に一月二月ですから、それに当てはめてみましょう。醒駒粉などはわかりますが、冠と扁の区別はややあいまいです。とりあえず辛酉《かのととり》でそれらしき年を探してみますと、文久元年（一八六一）らしい。すると十月にあたる

「爭」は小の月。「爭」は扁があるのでしょうか。『大漢和辞典』や『字統』で調べてもわかりません。ちょっと苦しい大小です。

絵は春駒。正月に家々をめぐる予祝芸能、門付《かどづけ》芸の一つで馬の首形を木で作り、それに跨って三味線や太鼓や鈴で囃し祝言を唱えて歩きました。白馬《あおうま》の節会《せちえ》にならったとか養蚕の祝いであったとの説もありますが、江戸時代には広く各地で行われていました。現在では新潟県佐渡地方と沖縄本島などにその名残りが伝わっています。

佐渡では「目出たや目出たや、春のはじめの春駒なんどは、夢に見てさえ、よいとは申す」と囃し、那覇市旧辻遊郭の二十日正月のジュリウマ（尾類馬）は今は観光名物行事となっていますが、一説では中国貿易商の接待を兼ねていた尾類《ジュリ》（遊女）は親との面会も果されなかったので、一年一度のこの行列をして見物人の父親と会わしたといいます。文久元年（一八六一）辛酉《かのととり》のものです。

図175も、同じく春駒の絵で、安政五年（一八五八）戊午《つちのえうま》の大小です。

正月《はるのはじめ》の春駒《はるこま》七《な》んぞは夢《ゆめ》に三《み》てさへ四《よ》い十《と》や申す

右は杵屋六翁がうたひました小《せう》な

図176　安政五年（一八五八）戊午《つちのえうま》の大小です。

大　初午八《は》十二か九ら《神楽》や二じう五坐　天下泰平国土安政

馬の頭に小、顔に正、十、足に四、七、六、三とあります。変型版の大小です。

図175　(18×11 cm)

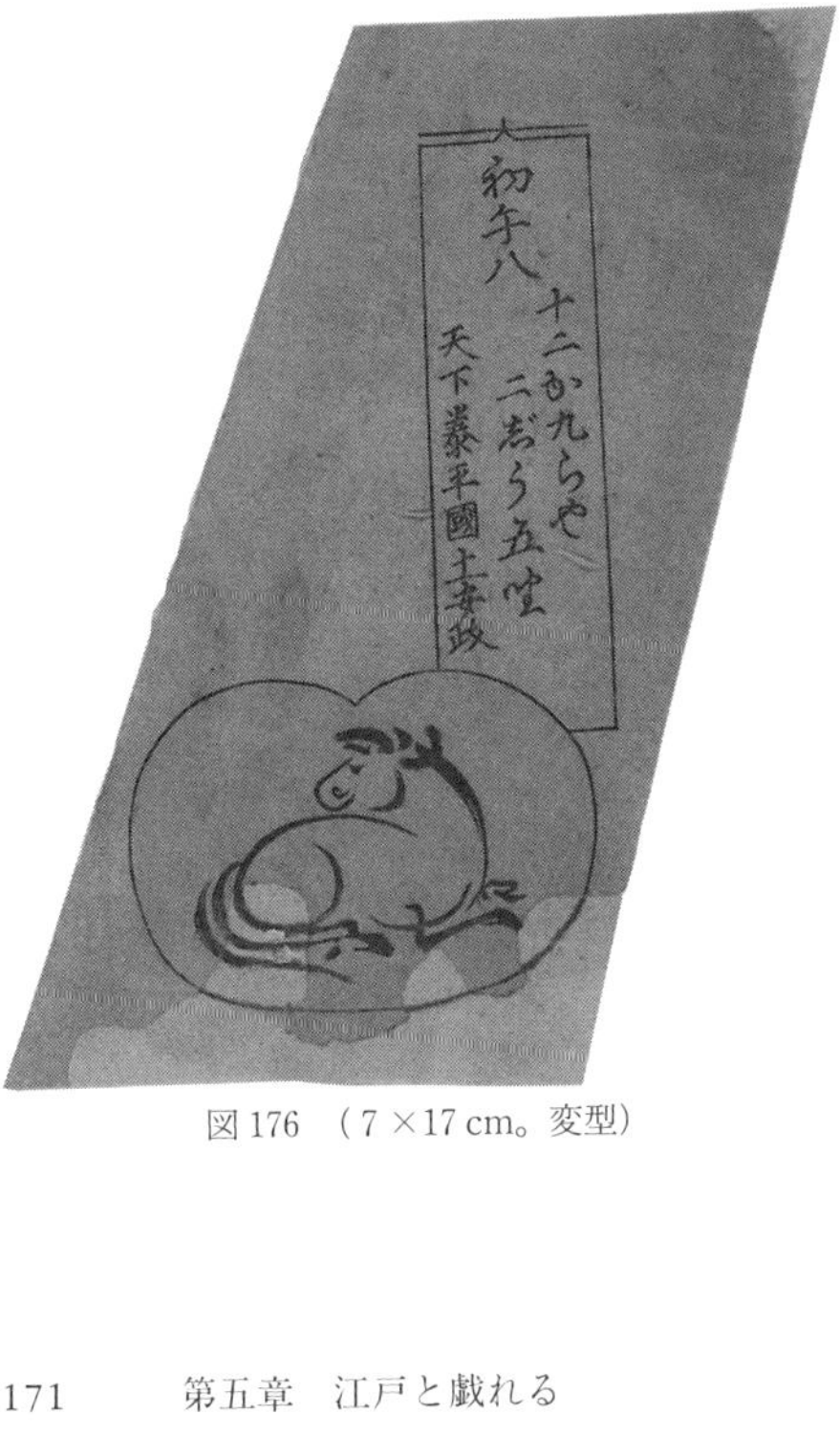

図176　(7 ×17 cm。変型)

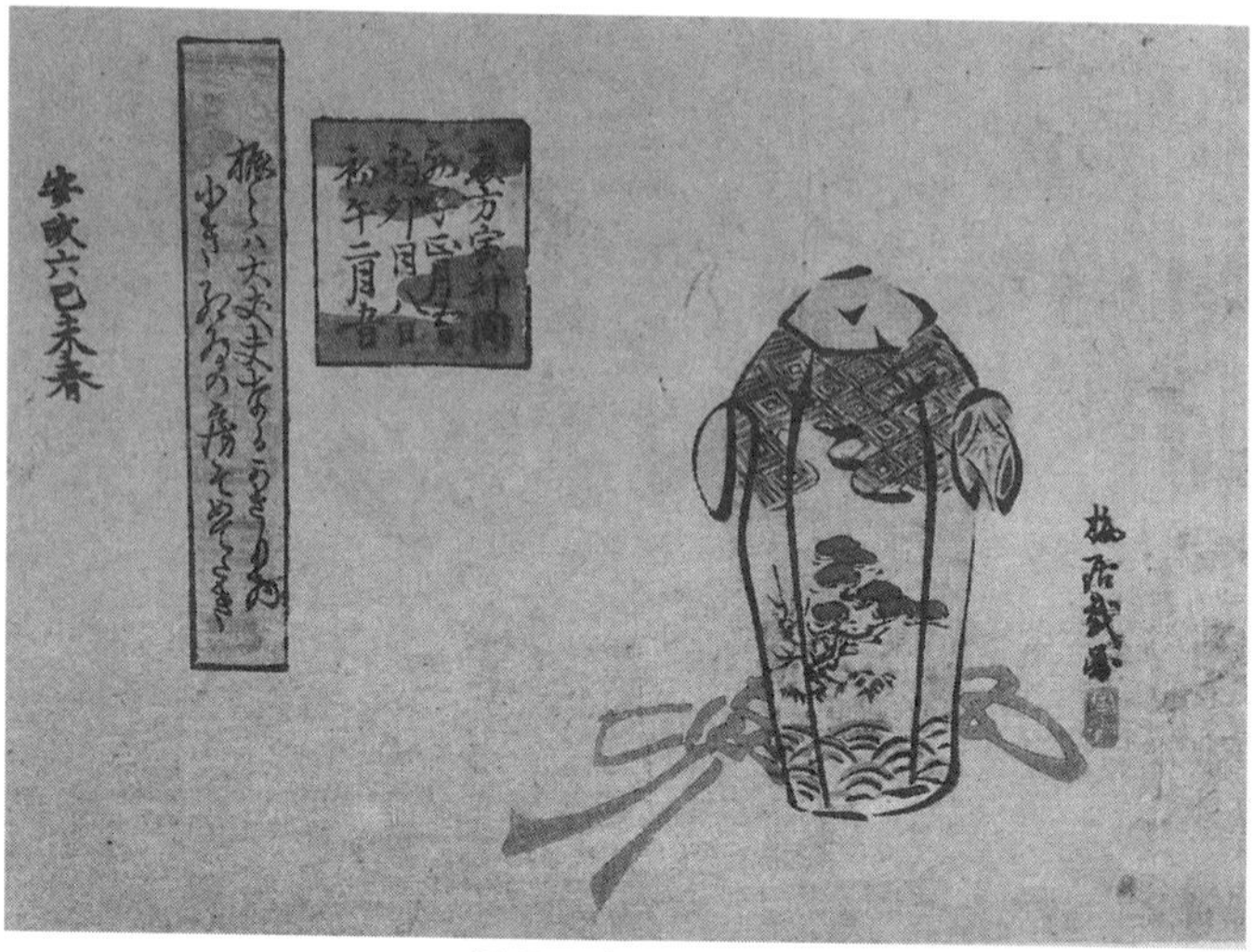

図177　(17×11 cm)

図177は、安政六年（一八五九）己未《つちのとひつじ》。大変な時代のものですが、いたってのどかな大小です。図はブリブリ。

ブリブリとは昔の正月の遊び、毬杖《ぎっちょう》の玉です。これについては拙著『杖・ものと人間の文化史88』（法政大学出版局）でくわしく記してあります。ゴルフやポロのように玉を打つ毬杖の道具が縁起物になり、大きな茱萸《ぐみ》形の八角形で、紐を通して遊ぶ玩具や正月の床飾りの置物や魔除けの贈り物にされました。

振々《ぶりぶり》は大丈夫なるかざり物　小《こ》き紅《くれな》ゐの
房ぞめでたき

この時代の大小は色彩濃厚になり気品が乏しくなりますが、これは品格があります。

ブリブリの絵に大の月があしらわれています。

図178は、万延二年（一八六一）辛西《かのととり》の大小。

朝ご《五》と《十二》な《七》く《九》鶏よりも起かてば　身《三》に《二》徳のつく人のしんだい《大》

二月十九日に改元されて文久元年。しんだいは身代で家の財産。よく見ると鶏の絵に正、四、六、八、十、十一がありますが、歌でしっかりと大の月を示していますからこれは付けたり。

図179は、安政六年（一八五九）己未《つちのとひつじ》の、歳徳神、太歳神、歳禄神、金神、福神オンパレードの芝居番付風大小。

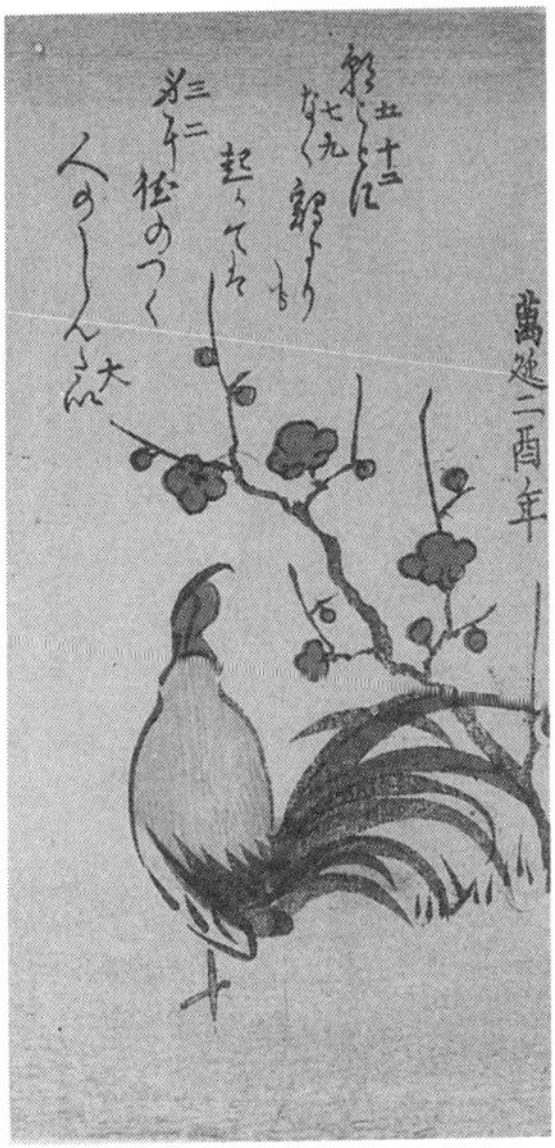

図 178　（8×17 cm）

図 179　（23.5×18 cm）

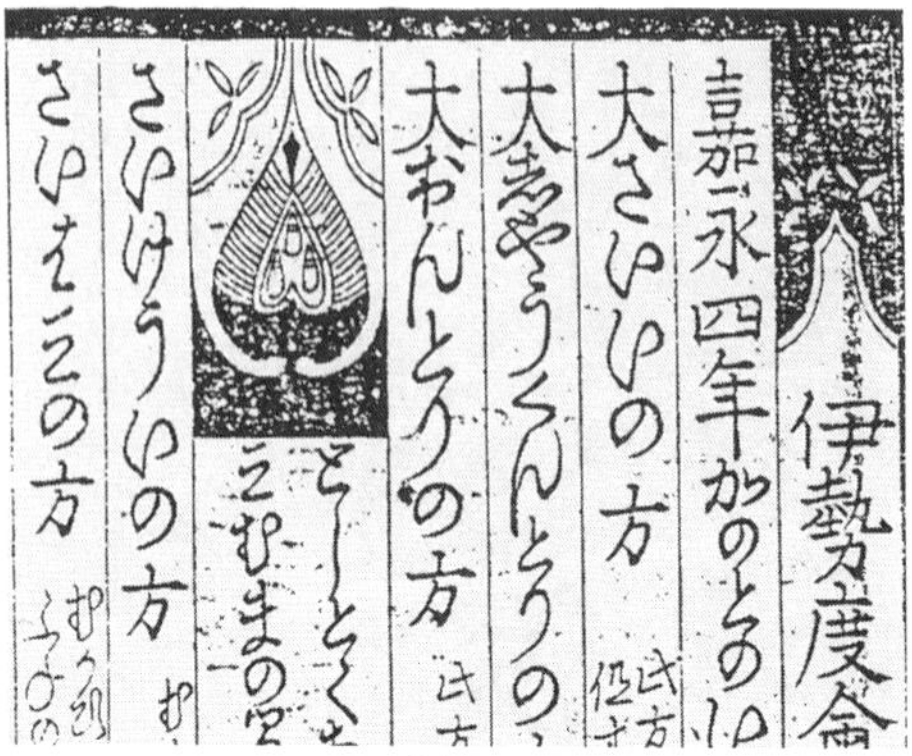
図 180

ところでこの中央上方に描かれているのは、ほとんどの暦本に記されている宝珠です。この宝の玉は、私は心臓の形を表わしているものと思います。火焔の燃え上がっているのは躍動するエネルギーです。西洋でのハートです。

図180のように伊勢暦にもこれがシンボルマークのように記されているのは、貴い宝、魂、真心、真実といった意味で、神仏からいただいた赤心を示しているのだと思います。稲荷さんの狐がくわえている珠も同じです。貴く粗末にできぬものという印であったのですが、江戸っ子の八っさん熊さんはそんなことわかりませんから、

伊勢暦開《ぼぼ》の真向きを口絵にし

なんと宝珠を女性器を正面から見た形と川柳にいたしました。これにはまいりました。「柳の葉末」という好色雑俳句集にあります。

また図181は、嘉永六年（一八五三）癸丑《みずのとうし》春興のこれは柱暦ですが、宝珠の中に牛を描いていま

す。「火《ひの》用じん」とあり、台所に貼ったのでしょう。柱暦の多色版は珍しいものです。

図182は、「七福遊」とあります。

　ひと筋に身をし守らばとう《唐》独楽《ごま》のいとまわりよき世《よ》をや渡《わた》らん　卍延亭　辛酉

七福神の毘沙門天が中国のコマを鉾の上で廻して遊んでいます。独楽《こま》は正月の遊びで、下の方には羽子板も見えます。甲冑を着けた財宝を守るとする武将が、真剣な顔で曲独楽をしているとは愉快です。文久元年（一八六二）辛酉《かのととり》のものです。

図181　（9×25 cm）

図182　(18×12 cm)

図183　(8 ×17 cm)

図183は、万延二年（一八六二）の大小。この秋、皇女和宮《かずのみや》は京都を出発して江戸に向かいます。

小の月は、一、四、六、八、十、十一月。探してください、といっても写真では無理ですね。

次は図184の大小です。

丑歳《四十霜》もうる《壬五》ほひましよう《正》花赤《八七》く　美事《三五》源氏《元治》に《二》さ《極》き分る《九六》梅

文盛老人戯　麗斎

これはこじつけが多く上手な作品とはいえません。元治二年（慶応元年）乙丑《きのとうし》。

次は図185の大小です。

遊ぶ日もなにいそがしやお正月　大ノ月

江戸っ子が作った句です。「日も」を霜と読ませたのは、人《ひと》をシトと発音するからでしょう。『浮世風呂』にも「日《し》が暮れると」とあります。関西育ちの私は七面倒は「ひちめんどう」ですが、江戸っ子は「しちめんどうだよ七兵衛《しちべえ》さん」となるのでしょう。

昔は遊びにも旬《しゅん》や日が定まっていて、正月でなければ遊べない遊びがありました。福笑い、カルタ取り、

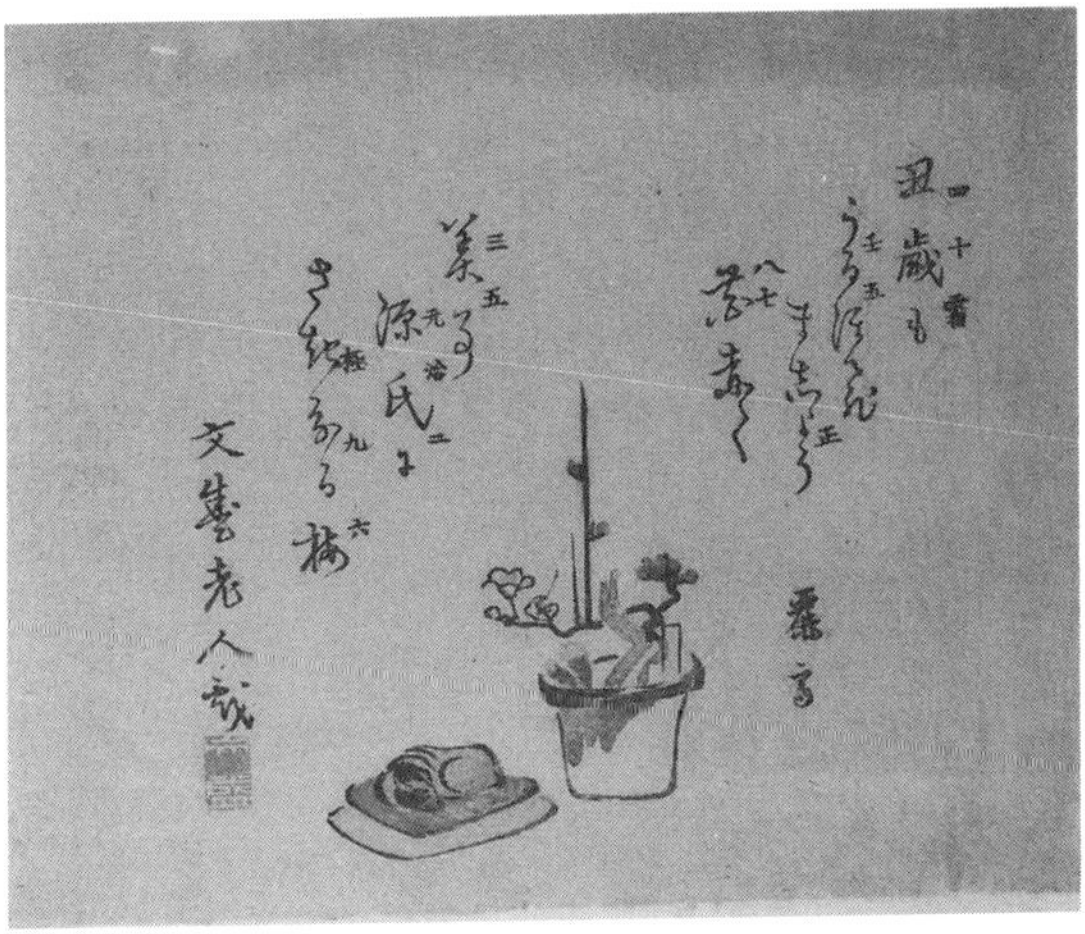

図184　(17×13 cm)

図185　(９×16 cm)

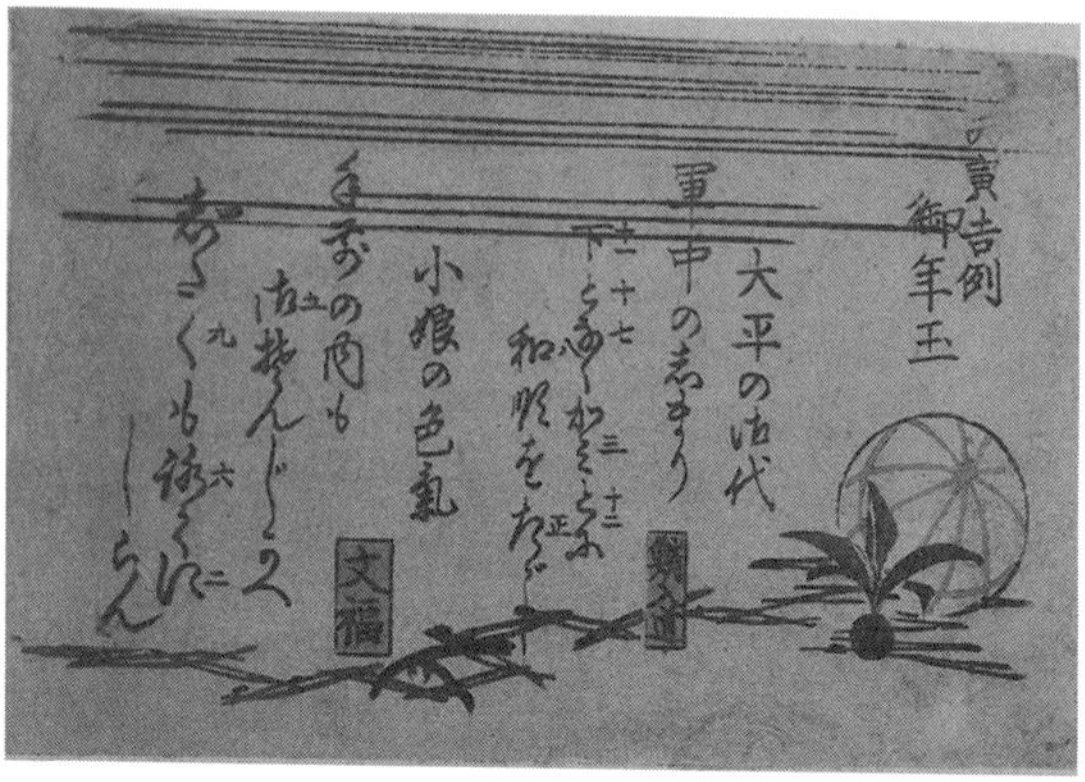

図186　(13× 8 cm)

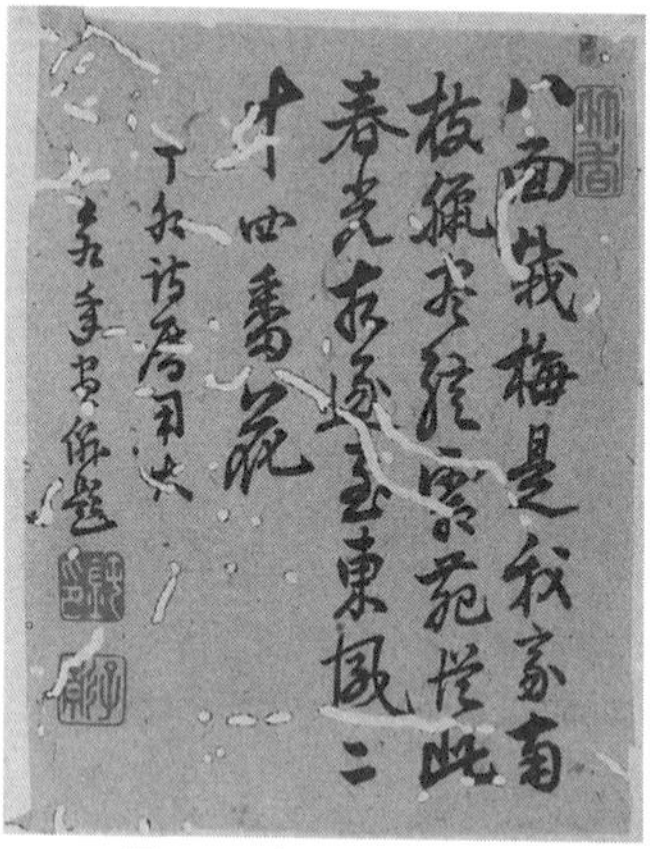

図187　(8.5×10.8 cm)

双六、竹馬、凧揚げ、追羽根突き、独楽回し、毬杖《ぎっちょう》、……。楽しかったでしょうが、遊ぶ子供も忙しかったでしょう。これは慶応元年（一八六五）の大小。五月に大の月の閏がありました。

次の図186は、慶応二年（一八六六）丙寅《ひのえとら》の大小です。

丙寅吉例　御年玉

太平の御代　鮹入道

軍中のしまり下《十一》と《十》な《七》くかみ《三》とに《十二》和《八》順をただ《正》し
小娘の色気　文福
手前の内も御《五》ぞんじかへし《四》たく《九》もろ《六》くに《二》しらん

図187は、慶応三年（一八六七）丁卯《ひのとう》の大小です。漢詩の中に大の月に関係する字が用いられています。

八面栽梅是我家　南枝臘尽駭霜葩　従此春光相逐至　東風二十四番花

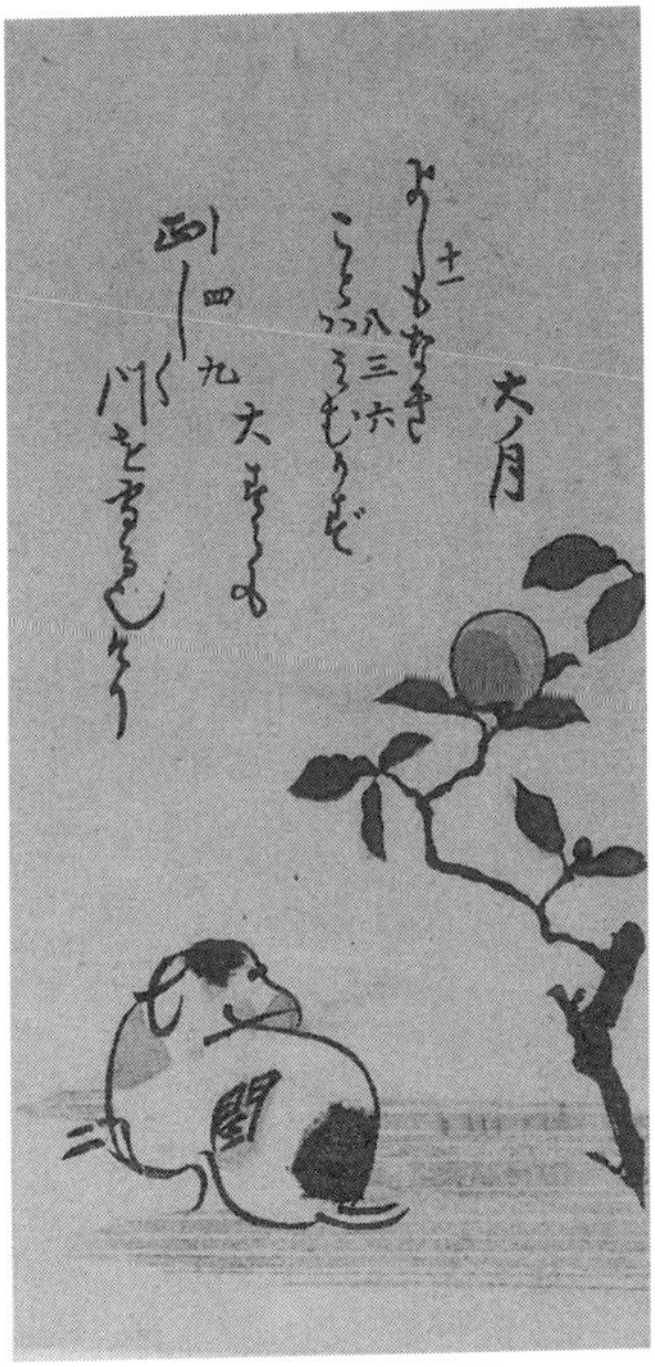

図 188 （8 × 17 cm）

次は図188の大小。

大ノ月
よし《十一》もなきことは《八》み《三》む《六》か
ず大《(犬)》すらも　正し《四》く《九》門
を守るなりけり

大は一、三、四、六、八、九、十一月。大と犬とをかけるのは少し苦しいです。

図 189　(11×10 cm)

小は犬の絵に示され、二、五、七、閏八、十、十二月。

調べれば文久二年（一八六二）壬戌《みずのえいぬ》。和宮と将軍家茂との婚儀が行われた年です。

図189も文久二年です。

二五《にご》り七《（な）》く遊ぶ八《閏》十か十二の小《（子）》

絵には大、正、三、四、六、八、九、十一があります。写真では正、四、六が見つけにくいかもしれません。

坂下門外の変、伏見寺田屋騒動、生麦事件と大変な戌年でありました。

図190もまた文久二年です。

室咲と見《三》し《十一》も正《まさ》し《四》く《九》梅《六》の花《八》

鬼に小の月。よく出来ていますが、鬼の鼻が大と見えるのが欠点です。迫力は失われますが、小となっていたら満点をさしあげたい。だんだん私は大小評論家、審査員になってきました。ところが大小は終焉を迎えます。

明治五年（一八七二）十一月九日、突如として太陽暦採用の詔書が発表され、十二月三日をもって明治六年一月一日と改められました。極秘にされていましたから京都の弘暦者さえも知らずに、

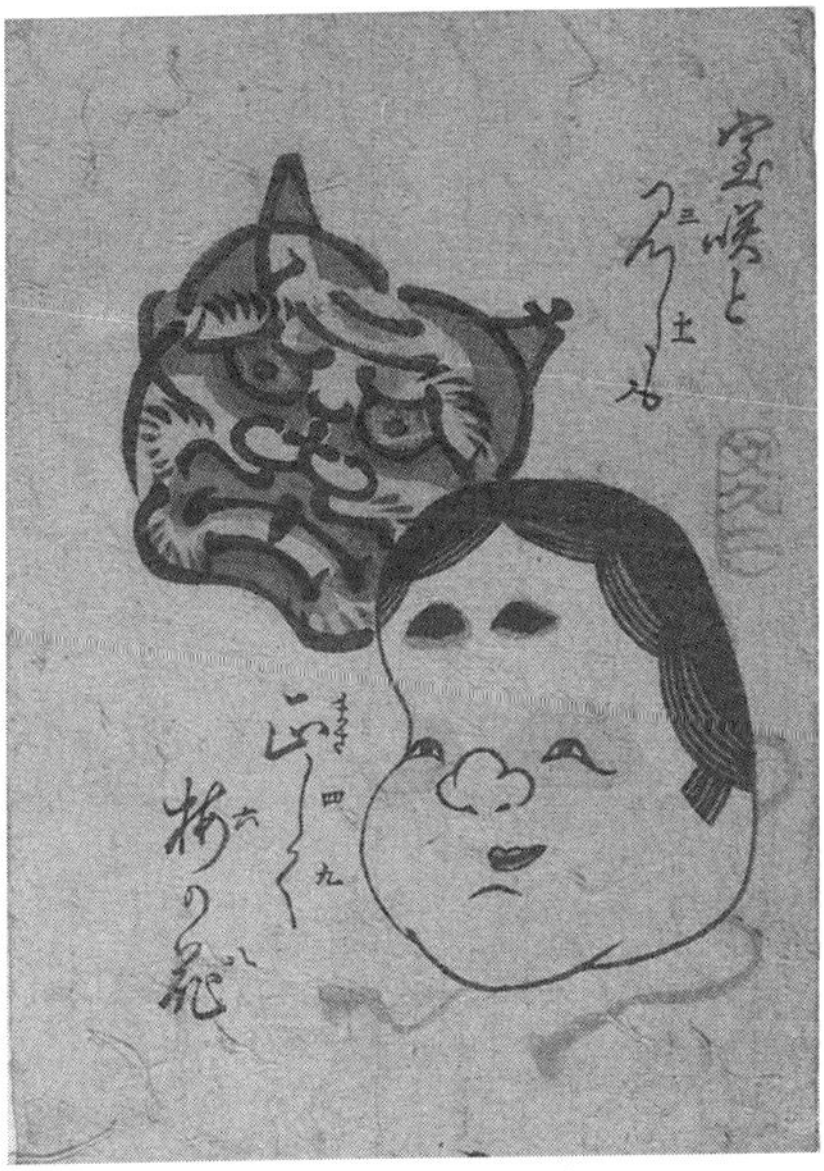
図190　（9×13 cm）

大阪の仲間から知らされてもデマだと思ったほど。このいきさつは岡田芳朗先生の『明治改暦―「時」の文明開化』（大修館書店）や『日本の暦』などにくわしいが、なぜ急に実施したかは外国との交際上、同じ暦を用いなければ不便なこと。旧暦は迷信も多く明治維新で人心も一新させるため。さらに旧暦では三年に一度の閏月があり、これまでのように年俸制ならよいが月給

制になると十三ヵ月分の給料を払わねばならなくなり、たまたま明治六年は閏があったから、五年の十二月は三日で切り捨て二ヶ月分の俸給を明治新政府は浮かしました。まあ真相はそんなことかもしれません。

一年で最も多忙な十二月を突然切り捨て、十二月三日に門松を立てよとは無茶だと人々は怒り、暦屋はすべて倒産。「晦日に月があり十五夜が闇夜とは世も変ったもの、玉子も四角になるかもしれないぞ」。当時のことゆえ積極的な反対運動は起りませんでしたが、旧暦に執着する人は多く、今だに旧正月や月遅れの盆が生きています。

おそらく最もがっくりしたのは大小のファンだったでしょう。彼等のささやかな楽しみは潰されました。だがその伝統は、現代にも形は変わりましたが年賀状となって生きつづいているのではないでしょうか。私の友人には毎年自作の歌や美しい版画を添えた手作りの年賀状をくださる方が多いです。この遊び心をもつ仲間たちは、世が世であれば年末の楽しみとして、きっと大小に熱をあげたにちがいありません。

あとがき

いま日本にはいろいろな暦が発行されています。それは昭和二十一年（一九四六）に暦の発行が自由になったからで、明治以降は戦前まで日本国家の正暦（公式な暦）は、伊勢の神宮が発行する神宮暦が唯一でありました。いまこれに類するものは書店で売られていますが、戦前は類似するものの一切が禁止されていました。

この神宮暦には大暦と小暦があり、内容は江戸時代からの伊勢暦の流れをついだ伝統を守った正確無比なもので、天皇皇后両陛下をはじめ皇族方に毎年献上されています。

古代中国では天体の運行も皇帝が支配するものとされ、暦は一般が勝手に作ってはならず、もし作れば厳刑とされてきました。その思想がわが国にも伝わり、朝廷で作り明治になってからは政府で編纂し、神宮司庁から全国に神宮大麻（おふだ）と共に頒たれることになっていました。これは七百万部以上も出ていたのですが、現在ではカレンダーに押されて八万部ほどに減っています。

この日本一の正確な暦は参宮の際に内宮や外宮の神楽殿で受けていただけますし、各地の神社へ申し込んでいただきたいのですが、内容は実に科学的で潮の干満、月の出入りの時刻はもちろん、全国各地の過去の最高最低温度、日照時間、降水量とか初雪、初霜の季節、有名神社の例大祭日など便利なデーターがたっぷりです。

私は神宮司庁に奉職する身ですから、当然この暦について記すべきですが、すでに書きつくされていますし、無味乾燥なものと思われがちな暦の研究の中にも、こんなアウトサイダーもあったのかと、逆に大小から正しい暦に関心をもっていただけるのではと願いつつ本書を執筆しました。

現代の私たちの室には美しいデザインのカレンダーがあり、腕にもカレンダー付の時計、新聞やテレビでも今日や明日の暦が出ています。こうした中で暦で遊び楽しむ時代は遠い昔のことになり、今さら大小でもありませんが、日本の豊かで大らかな文化遺産の一つとして知っていただけたらと紹介してみました。

本書でとりあげた資料のほとんどは神宮徴古館に所蔵される「徴古帖」という江戸時代の雑物印刷物スクラップブック二十四冊の内に貼られていたものでした。

三十年ほど前、私は図書室でこれが雑書として保管され、虫害や伊勢湾台風の雨漏りなどで傷んでいるのを目にし、これは貴重な資料と直感、話に聞いている東京大学総合図書館の田中芳男文庫の「捃拾帖《くんしゅうちょう》」九十八冊を思い浮かべました。

伊勢神宮の博物館は明治時代に神苑会という神宮擁護団体により創立されました。それには日本の博物館の生みの親の一人といわれ、明治期の博覧会と農林水産行政の中心的存在だった田中芳男（一八三八〜一九一六）男爵が大きくかかわり、彼のコレクションがたくさん入っているので、「徴古帖」もその一部だろうと思ったのです。しかし東大の資料と比べると、よく似ているのですがこちらは古すぎる。「捃拾帖」は安政五年（一八五八）からはじまり大正五年（一九一六）まで、「徴古帖」はそれ以前で、骨董趣味のなかった田中コレクションといささか合わないところがあります。明らかに別人が集めたものです。だがスクラップしてある内容の趣旨は同じで、薬や菓子類の包み紙、宣伝ビラ、社寺の由緒書、案内地図、瓦版、さては名所旧跡を旅して目にした花や木の押葉まで何でもかんでも貼りつけてあります。

当時は印刷物は少なく目にするものすべてを集めることも可能だったのですが、どうも両方は関係がある気がしてなりません。よく調べてみると、貼られた内容は中京地方に関係するものが多く、収集家は名古屋の人にまちがいありません。

田中芳男も長野県飯田市出身で若くして名古屋へ出て、尾張の本草学者伊藤圭介に学びました。「徴古帖」の中には圭介の西洋数字を記す自筆も含まれています。だが田中芳男に通じるものはあるのですが微妙に異なります。誰のコレクションだろうかとずっと疑問に思っていました。

私は館長となり二十年ぶりに徴古館の古巣に帰り、久しぶりに点検しますと、ところどころに「千虎挿」という小さな印が押されているのに気がつきました。

千虎とは有名な川崎千虎（一八三六〜一九〇二）で画家の川崎小虎の祖父。小虎は東山魁夷画伯の岳父にもあたります。川崎千虎は天保七年に尾張藩士で代々鷹匠の故実の伝承をもつ家に生まれ、幼少から絵を好み沼田月斎や大石真虎に学び、有職故実を父の川崎六之丞に、国学を植松茂岳の門で修め、元治元年（一八六四）に京都へ出て土佐派の画を学んで、三十歳の明治維新の頃、京都御所の絵画御用を勤めたあと、京阪地方の古社寺の宝物を調査し、明治十一年に東京へ出て内務省、大蔵省、農商務省など歴任し、とても社交家だったといいますから、この頃に二歳下の田中芳男と知り合ったのでしょう。そして明治二十年代に有職故実の権威者として岡倉天心に請われて東京美術学校で開校以来、嘱託や講師をしています。そして明治二十八年（一八九五）に佐賀県有田の陶芸徒弟学校長に就任し一家をあげて有田へ移住していきます（『川崎小虎画集』昭和62年、京都書院、による）。ちょうどこの頃に神苑会では「徴古帖」を購入したらしいのです。当時の神苑会総裁は有栖川宮殿下、蒐集委員に黒川真頼、坪井正五郎、箕作元八、福地復一、岡倉天心、川崎千虎の名もあります。また佐野常民、福羽美静、佐佐木高行、関保之助、谷千城、吉井友美、渋沢栄一らのキラ星の名も見え、横山大観も嘱託になり古画の模写の仕事をしています。こうした人脈から大小コレクションを含む「徴古帖」が神宮に入ったのでしょう。なおこれは古く「落葉籠」「遊方雑俎」「まぜこみ帖」といった名称で張られたスクラップブックを整理したものらしいのです。

未確認ですが、どうも千虎と同僚だった伊勢出身の福地復一や関保之助が斡旋したのだろうと私は思います。また田中芳男の東大のコレクションも、彼が中京の本草学につながるのですから、先達の「徴古帖」などを参考にしたことの影響が大きいと考えられます。ともあれ、私に大小の面白さ、楽しさを教えてくれたのはこれあってこそでありました。

神恩はもちろん、川崎千虎、田中芳男、長谷部言人といった大先達に感謝するとともに、ご指導くださった暦の会会長岡田芳朗先生と、長年にわたり昵懇をいただいた吉成勇氏に厚くお礼を申し上げます。また昭和四十八年（一九七三）九月に明治改暦百年を記念して、神宮徴古館で「こよみ特別展」をしたきっかけで『歴史読本臨時増刊　万有こよみ百科』（新人物往来社）を出していただけ、それに関心をもつ有志が「暦の会」を東京で発足、原則として月一回の研究会を催され、もう第二百五十八回（平成十二年七月現在）になっています。私は地方に居ますのでなかなか参加できませんが、この会のいつまでも盛会であられることも祈念して擱筆いたします。

末尾となりましたが、編集のお世話をして下さった大修館書店の玉木輝一氏と小川益男氏に厚くお礼申し上げます。

平成十二年九月　　著　者

2 5 6 8 9 11 12	1 3 4 (5) 7 10	安政 4	丁巳
2 5 7 8 9 11	1 3 4 6 10 12	享和 2	壬戌
2 5 7 8 9 11 12	1 3 4 6 (7) 10	宝暦 9	己卯
2 5 7 8 10 11	1 3 4 6 9 12	元文 6 寛保 元	辛酉
2 5 7 9 10 11	1 3 4 6 8 12	貞享 5 元禄 元	戊辰
		寛延 3	庚午
		文化 9	壬申
		天保 10	己亥
		弘化 5 嘉永 元	戊申
2 5 7 9 10 12	1 3 4 6 8 11	文政 4	辛巳
2 5 8 9 11 12	1 3 4 6 7 10	元禄 11	戊寅
		宝暦 10	庚辰
		安政 5	戊午
2 5 8 10 11 12	1 3 4 6 7 9	宝永 4	丁亥
		明和 6	己丑
2 6 8 10 11 12	1 3 4 5 7 9	天保 2	辛卯
(2) 4 6 7 9 10 12	1 2 3 5 8 11	文化 8	辛未
3 4 7 8 10 11 12	1 2 3 5 6 9	文政 13 天保 元	庚寅
3 5 7 8 9 11	1 2 4 6 10 12	文久 4 元治 元	甲子
3 5 7 8 10 11	1 2 4 6 9 12	正徳 4	甲午

2 4 5 7 9 11	1 3 6 8 10 12	貞享 2 延享 4 天明 3 天保 7 弘化 2	乙丑 丁卯 癸卯 丙申 乙巳
2 4 6 7 8 10 12	1 3 5 (7) 9 11	嘉永 7 安政 元	甲寅
2 4 6 7 9 10 12	1 3 (4) 5 8 11	天保 9	戊戌
2 4 6 7 9 11	1 3 5 8 10 12	享保 7	壬寅
2 4 6 8 9 10 11	1 3 5 7 (9) 12	明和 4	丁亥
2 4 6 8 9 10 12	1 3 5 7 11	文政 3	庚辰
2 4 6 8 9 11	1 3 5 7 10 12	享保 16 寛政 5	辛亥 癸丑
2 4 6 8 9 11 12	1 3 5 7 10 1 (2) 3 5 7 10	文政 12 元禄 10	己丑 丁丑
2 4 6 9 10 11 12	1 3 (4) 5 7 8	寛保 3	癸亥
2 4 6 9 11 12	1 3 5 7 8 10	明和 8	辛卯
2 4 7 9 10 (10) 12	1 3 5 6 8 11	天明 6	丙午
2 4 7 9 10 11	1 (2) 3 5 6 8 12	正徳 6 享保 元	丙申
2 4 7 9 11 12	1 3 5 6 8 10	享保 19 寛政 8 天保 4	甲寅 丙辰 癸巳
2 4 7 10 11	1 3 5 6 8 9 12	寛保 4 延享 元	甲子
2 4 8 9 10 11	1 3 5 6 7 (8) 12	文化 2	乙丑
2 4 8 10 11 12	1 3 5 6 7 9	慶応 3	丁卯
2 5 6 (7) 8 10 12	1 3 4 7 9 11	元文 5	庚申
2 5 6 8 9 11	1 3 4 7 10 12	安政 2	乙卯

2 3 5 6 8 10 12	1 (2) 4 7 9 11	寛政 4	壬子
	1 4 7 (7) 9 11	天保 6	乙未
2 3 5 (6) 8 11	1 4 6 7 9 10 12	文化 5	戊辰
2 3 5 7 8 10	1 4 6 9 11 12	正徳 2	壬辰
2 3 5 7 8 10 11	1 4 6 9 (10) 12	延享 5 寛延 元	戊辰
2 3 5 7 8 10 12	1 4 6 9 11	文久 3	癸亥
2 3 5 7 9 11	1 4 6 8 10 12	元文 3 安永 3	戊午 甲午
	1 4 6 8 (8) 10 12	宝永 7	庚寅
	1 4 6 8 10 (10) 12	明治 3	庚午
2 3 5 7 9 12	1 4 6 8 10 11	万延 2 文久 元	辛酉
2 3 5 7 10 12	1 4 6 8 9 11	天和 4 貞享 元	甲子
		明和 9 安永 元	壬辰
2 3 5 8 10 11	1 4 (4) 6 7 9 12	明治 元	戊辰
2 3 5 8 10 12	1 4 6 7 9 11	天保 5	甲午
2 3 5 8 11 12	1 4 6 7 9 10	享保 21 元文 元	丙辰
		寛政 10	戊午
2 3 6 9 11 12	1 4 5 7 8 10	宝永 6	己丑
2 4 5 6 8 9 11	1 3 (4) 7 10 12	文政 2	己卯
2 4 5 7 8 10 12	1 3 6 9 11	文化 7 明治 5	庚午 壬申
	1 3 6 (7) 9 11	享保 6	辛丑

1 3 6 9 11 12	2 4 5 7 8 10	元禄 13 宝暦 11 安政 6	庚辰 辛巳 己未
1 3 7 8 10 11 12	2 4 5 6 9	慶応 2	丙寅
1 3 7 9 10 11 12	2 4 5 6 8 (11)	文化 10	癸酉
1 3 7 9 10 12	2 4 5 6 8 11	文化 11	甲戌
1 3 7 9 11 (11) 12	2 4 5 6 8 10	天保 3	壬辰
1 3 7 9 11 12	2 4 5 6 8 10	文政 6	癸未
1 4 5 7 8 10 11	2 3 (4) 6 9 12	宝永 2	乙酉
1 4 (5) 7 8 10 11	2 3 5 6 9 12	元治 2 慶応 元	乙丑
1 4 6 7 9 10 12	2 3 5 8 11	貞享 4 元禄 9 寛延 2	丁卯 丙子 己巳
1 4 6 8 9 10 12	2 3 5 7 11	宝暦 8 安政 3	戊寅 丙辰
	2 3 (4) 5 7 11	享保 9	甲辰
1 4 7 8 10 11 12	2 3 5 6 9	宝永 3 正徳 5 明和 5	丙戌 乙未 戊子
1 4 7 9 10 11	2 3 5 6 8 12	安永 6	丁酉
1 4 7 9 10 12	2 3 5 6 8 11	享保 10 天明 7	乙巳 丁未
(1) 3 6 8 10 11	1 2 4 5 7 9 12	天保 12	辛丑
2 3 4 5 7 10 12	1 (3) 6 8 9 11	安永 2	癸巳
2 3 4 6 9 11 12	1 5 7 8 10 (11)	元文 2	丁巳
2 3 4 7 9 12	1 5 6 8 10 11	寛政 11	己未
2 3 5 6 8 10	1 4 7 9 11 12	元禄 16 明和 2	癸未 乙酉

1 3 5 7 8 10 12	2 4 6 9 11	寛政 13 享和 元	辛酉
		天保 8	丁酉
1 3 5 7 9 10 11	2 4 6 8 12	安永 5	丙申
1 3 5 7 9 10 12	2 4 (4) 6 8 11	嘉永 2	己酉
1 3 5 7 10 12	2 4 6 8 9 11	元禄 14	辛巳
		宝暦 13	癸未
		文政 8	乙酉
1 3 5 8 10 11 12	2 4 6 7 (7) 9	寛政 9	丁巳
1 3 5 8 10 12	2 4 6 7 9 11	享保 11	丙午
		天明 8	戊申
1 3 (5) 7 8 9 11	2 4 5 6 10 12	享保 17	壬子
1 3 6 7 9 10 12	2 4 5 8 11	享保 8	癸卯
		天明 5	乙巳
		弘化 4	丁未
	2 4 5 (6) 8 11	寛延 4 宝暦 元	辛未
1 3 6 8 9 10 (11)	2 4 5 7 11 12	寛政 6	甲寅
1 3 6 8 9 11 12	2 4 5 7 10	享保 18	癸丑
		寛政 7	乙卯
1 3 6 8 10 11 12	2 4 5 7 9	寛保 2	壬戌
		享和 4 文化 元	甲子
	2 4 5 (6) 7 9	明和 7	庚寅
1 3 6 8 10 12	2 4 5 7 9 11	嘉永 3	庚戌
1 3 6 9 10 11 12	2 4 5 7 8 (9)	元禄 12	己卯
1 3 6 9 10 12	2 4 5 7 8 11	元禄 3	庚午
		宝暦 2	壬申

1 3 (3) 6 9 11 12	2 4 5 7 8 10	万延 元	庚申
1 3 4 5 7 9 11	2 (4) 6 8 10 12	寛政 12	庚申
1 3 4 6 7 8 11	2 5 (6) 9 10 12	文政 10	丁亥
1 3 4 6 7 9 11	2 (3) 5 8 10 12	貞享 3	丙寅
1 3 4 6 8 9 11	2 5 7 10 12	元禄 8 宝暦 7	乙亥 丁丑
	2 5 7 (8) 10 12	文久 2	壬戌
1 3 4 6 8 (9) 11	2 5 7 9 10 12	享保 14	己酉
1 3 4 6 8 10 12	2 5 7 9 11	寛政 3 嘉永 6	辛亥 癸丑
	2 5 7 (8) 9 11	元禄 15	壬午
1 3 4 6 8 11	2 5 7 9 10 12	文化 14 文政 9	丁丑 丙戌
1 3 4 6 8 11 (12)	2 5 7 9 10 12	宝暦 14 明和 元	甲申
1 3 4 6 9 11	2 5 7 8 10 12	享保 13 寛政 2	戊申 庚戌
1 3 4 7 9 11 12	2 (3) 5 6 8 10	享保 20	乙卯
1 3 4 7 10 12	2 5 6 8 9 11	元禄 5	壬申
1 3 5 6 7 9 10 12	2 4 (5) 8 11	正徳 3	癸巳
1 3 5 6 7 9 11	2 4 (5) 8 10 12	弘化 3	丙午
1 3 5 6 8 9 11	2 4 7 10 12	元禄 17 宝永 元 明和 3	甲申 丙戌
1 3 5 6 8 10 11	2 4 7 9 12	文政 11	戊子
1 3 5 6 8 10 12	2 4 7 9 11	享保 15 元文 4	庚戌 己未
1 3 5 7 8 10 11	2 4 6 9 12 (12)	安永 4	乙未

1 2 4 6 8 10 12	3 5 7 9 11	天明 2	壬寅
		天保 15	甲辰
		弘化 元	
	3 5 (6) 7 9 11	天明 9	己酉
		寛政 元	
	3 5 7 (8) 9 11	文化 13	丙子
1 2 4 6 8 11	3 5 7 9 10 12	元禄 6	癸酉
		宝暦 5	乙亥
1 2 4 6 8 11 12	3 5 7 9 10	延享 3	丙寅
1 2 4 6 9 (10) 12	3 5 7 8 10 11	享保 3	戊戌
1 2 4 6 9 11	3 5 7 8 10 12	享保 4	己亥
		安永 9	庚子
1 2 4 6 9 11 12	3 (4) 5 7 8 10	宝暦 12	壬午
1 2 4 7 9 10 12	3 5 6 8 (8) 11	元禄 4	辛未
1 2 4 7 9 11	3 5 6 8 10 12	天保 13	壬寅
		嘉永 4	辛亥
1 2 4 7 10 11	3 5 6 8 9 12	宝暦 3	癸酉
1 2 4 8 10 11	3 5 6 7 9 12	文化 3	丙寅
1 2 4 8 10 12	3 5 6 7 9 11	文化 12	乙亥
1 2 5 7 8 10 11	(1) 3 4 6 9 12	享和 3	癸亥
1 2 5 7 9 10 11	(1) 3 4 6 8 12	元禄 2	己巳
1 2 5 (7) 9 10 11	3 4 6 7 8 12	安永 7	戊戌
1 2 5 8 9 11 12	3 4 6 7 (8) 10	文政 7	甲申
1 2 5 8 10 11	3 4 6 7 9 12	享保 2	丁酉
		安永 8	己亥
1 2 5 8 10 11 12	(1) 3 4 6 7 9	宝永 5	戊子
1 2 6 8 9 11 12	(1) 3 4 5 7 10	文政 5	壬午
1 2 6 8 10 11 12	3 4 5 7 9	天保 11	庚子

大小年号早見表

貞享以降、(　) は閏月

大の月	小の月	年号	干支
1 (1) 3 5 8 10 12	2 4 6 7 9 11	享保 12	丁未
1 2 3 4 7 9 11	(2) 5 6 8 10 12	嘉永 5	壬子
1 2 3 4 7 10 12	(2) 5 6 8 9 11	宝暦 4	申戌
1 2 3 5 6 9 11	4 (5) 7 8 10 12	安永 10 天明 元	辛丑
1 2 3 5 7 10 12	4 6 8 9 11	宝永 8 正徳 元	辛卯
1 2 3 5 8 (9) 11	4 6 7 9 10 12	天保 14	癸卯
1 2 3 5 8 11 12	4 6 7 9 10	文化 4	丁卯
	4 6 7 9 10 (12)	延享 2	乙丑
1 2 3 6 9 11 12	4 5 7 8 10	明治 2	己巳
1 2 4 5 6 8 10	3 (5) 7 9 11 12	元禄 7	甲戌
1 2 4 5 7 9 11	3 6 8 10 12	文化 6	己巳
1 2 4 5 7 9 12	3 6 8 10 11	明治 4	辛未
1 2 4 5 7 10 12	3 6 8 9 11	享保 5	庚子
1 2 4 6 7 9 11	(1) 3 5 8 10 12	天明 4	甲辰
	3 5 8 10 (11) 12	宝暦 6	丙子
1 2 4 6 7 9 12	3 5 8 10 11	文化 15 文政 元	戊寅

[著者略歴]

矢野憲一（やの　けんいち）

1938年伊勢市生まれ。国学院大学文学部日本史学科卒業。伊勢神宮奉職。現在、神宮禰宜。神宮司庁文化部長。神宮徴古館農業館館長。著書に『伊勢神宮の衣食住』（東京書籍）『鮫』『鮑』『枕』『杖』（ものと人間の文化史・法政大学出版局）『伊勢神宮―日本人のこころのふるさとを訪ねて』（講談社）など多数。樋口清之博士記念賞、児童福祉文化賞、神道文化賞など受賞。

〈あじあブックス〉

大小暦を読み解く――江戸の機知とユーモア

初版発行――2000年11月10日

著者――矢野　憲一

発行者――鈴木荘夫

発行所――株式会社大修館書店

〒101-8466 東京都千代田区神田錦町 3-24

電話 03-3295-6231(販売部)/03-3294-2353(編集部)

振替 00190-7-40504

[出版情報] http://www.taishukan.co.jp

装丁者――郷坪浩子

印刷所――壮光舎印刷

製本所――関山製本社

ISBN4-469-23166-5　Printed in Japan

アジアの言語・文化・歴史を見つめ直す　2000年10月現在

[あじあブックス]

001
漢詩を作る
石川忠久著
本体一六〇〇円

002
朝鮮の物語
野崎充彦著
本体一八〇〇円

003
三星堆・中国古代文明の謎
―史実としての『山海経』―
徐朝龍著
本体一八〇〇円

004
中国漢字紀行
阿辻哲次著
本体一六〇〇円

005
漢字の民俗誌
丹羽基二著
本体一六〇〇円

006
封神演義の世界
―中国の戦う神々―
二階堂善弘著
本体一六〇〇円

007
干支の漢字学
水上静夫著
本体一八〇〇円

008
マカオの歴史
―南蛮の光と影―
東光博英著
本体一六〇〇円

[あじあブックス]

009
漢詩のことば
向島成美著
本体一八〇〇円

010
近代中国の思索者たち
佐藤慎一編
本体一八〇〇円

011
漢方の歴史
——中国・日本の伝統医学——
小曽戸洋著
本体一六〇〇円

012
ヤマト少数民族文化論
工藤隆著
本体一八〇〇円

013
道教をめぐる攻防
——日本の君王、道士の法を崇めず——
新川登亀男著
本体一八〇〇円

014
キーワードで見る中国50年
中野謙二著
本体一七〇〇円

015
漢字を語る
水上静夫著
本体一八〇〇円

016
米芾
——宋代マルチタレントの実像——
塘耕次著
本体一八〇〇円

[あじあブックス]

017
長江物語
飯塚勝重著
本体一九〇〇円

018
漢学者はいかに生きたか
――近代日本と漢学――
村山吉廣著
本体一八〇〇円

019
徳川吉宗と康熙帝
――鎖国下での日中交流――
大庭脩著
本体一九〇〇円

020
一番大吉！おみくじのフォークロア
中村公一著
本体一九〇〇円

021
中国学の歩み
――二十世紀のシノロジ――
山田利明著
本体一六〇〇円

022
花と木の漢字学
寺井泰明著
本体一八〇〇円

023
星座で読み解く日本神話
勝俣隆著
本体一九〇〇円

024
中国幻想ものがたり
井波律子著
本体一七〇〇円